中等职业教育烹饪专业创新型系列教材

中餐冷拼与菜肴盘饰制作

（修订版）

朱洪朗　主编

科 学 出 版 社

北　京

内 容 简 介

本书分两个模块，中餐冷拼制作模块分为中餐冷拼基础知识（2个任务）、中餐冷拼制作实训（34个任务）；菜肴盘饰制作模块分为菜肴盘饰基础知识（1个任务）、果酱画造型盘饰制作实训（12个任务）、蔬果造型盘饰制作实训（6个任务）、巧克力造型盘饰制作实训（4个任务）、奶油造型盘饰制作实训（4个任务）。本书以典型的中餐冷拼实训和菜肴盘饰制作作品设计为核心教学内容，每个任务都配有精美的制作工艺流程图片，并适当地增加了现代信息化技术（视频微课）来辅助教学，为学生提供新的学习形式。

本书可作为中职中专学校烹饪工艺专业及五年制高职院校烹饪与营养膳食专业的教材。

图书在版编目（CIP）数据

中餐冷拼与菜肴盘饰制作/朱洪朗主编. —北京：科学出版社，2017.8
（中等职业教育烹饪专业创新型系列教材）
ISBN 978-7-03-053546-7

Ⅰ.①中… Ⅱ.①朱… Ⅲ.①中式菜肴－凉菜－制作－中等专业学校－教材 ②食品雕刻－雕塑技法－中等专业学校－教材 Ⅳ.①TS972.114

中国版本图书馆CIP数据核字（2017）第140364号

责任编辑：涂 晟 李 娜/责任校对：王万红
责任印制：吕春珉/封面设计：东方人华平面设计部

科学出版社出版
北京东黄城根北街16号
邮政编码：100717
http://www.sciencep.com

三河市骏杰印刷有限公司印刷
科学出版社发行 各地新华书店经销

*

2017年8月第 一 版 开本：787×1092 1/16
2019年9月修 订 版 印张：11
2020年8月第五次印刷 字数：261 000

定价：40.00元

（如有印装质量问题，我社负责调换〈骏杰〉）
销售部电话 010-62136230 编辑部电话 010-62135763-2013

中等职业教育烹饪专业创新型系列教材
编写指导委员会

本书编委会

主　　编　朱洪朗

主　　审　黎永泰

参　　编（以姓氏笔画为序）

马健雄　王俊光　区华健　刘月娣　李川川

杨莹汕　杨继杰　张桂朝　莫伟苗　席锡春

凌志远　蔡　阳　黎小华

图片拍摄　温雪秋

修订版前言

“中餐冷拼与菜肴盘饰制作”课程是在传统的“冷菜与冷拼制作”课程基础上的延伸和拓展，增加了“菜肴盘饰制作”模块，更好地适应了行业发展的需求。

本书从第一版出版至今已有两年，取得了良好的市场反响，得到读者的认可。为了使本书内容更加完善，更加贴切地满足学生学习的需求，编者在第一版的基础上修改、调整，调换了部分任务的图片，增加了一些新的作品，删除了第一版的“其他造型盘饰制作实训”项目，同时配套了微课资源。

本书体现现代职业教育的思想，符合科学性、先进性和职业教育教学的普遍规律；同时，配套的微课资源恰当应用现代教学技术、方法与手段，体现信息化教学，教学效果显著，具有示范和辐射推广作用。

本书由广州市旅游商务职业学校朱洪朗担任主编，并负责全书所有项目的编写和统稿，由广州市旅游商务职业学校原校长、中国烹饪大师黎永泰先生担任主审，由广州市旅游商务职业学校温雪秋负责图片拍摄。另外，顺德梁銶琚职业技术学校王俊光，厦门工商旅游学校李川川，广东省贸易职业技术学校蔡阳，广州白云行知职业技术学校黎小华，茂名市第二职业技术学校莫伟苗，广东省旅游职业技术学校凌志远和杨莹汕，佛山市南海区九江职业技术学校席锡春，广州市旅游商务职业学校马健雄、刘月娣、杨继杰、区华健、张桂朝参与了本书编写资料的收集工作。编者在编写本书过程中，还得到了江苏、浙江、安徽、福建、湖南等地兄弟学校的帮助，在此向他们表示衷心的感谢。

由于编者水平有限，加之编写时间仓促，书中疏漏之处在所难免，恳请广大读者批评指正。

编 者

2019 年 6 月

第一版前言

随着我国经济的快速发展，旅游餐饮行业空前繁荣。为了适应这种快速发展的需求，为旅游餐饮业提供大量合格的技能型人才，编者根据教育部提出的课程改革要求，结合“中餐冷拼与菜肴盘饰制作”课程对现代信息化技术和烹饪技术的新要求，编写了本书。

本书主要有以下4个特点：

1）所有任务都配有精美的制作工艺流程图片，采用图片分析步骤和文字解释内容相结合的办法，将各个知识要点生动地展示出来，力求给学生一个更加直观的认识环境。

2）本书在内容安排上注重对学生基本功的训练，重视学生动手能力的培养，以突出职业教育的特色。编者根据各级职业院校烹饪专业学生的认知特点，确定学习目标，在教材的内容设计、任务实例上力求做到通俗易懂，深入浅出，突出实用技能的培养与应用。

3）书中采用了现代信息化技术（二维码视频）来辅助教学。信息化教学是职业教学发展的必然趋势，学生用手机扫描二维码就可以观看教学视频，随时随地学习。

4）本书在传统“冷菜与冷拼制作”课程教材的基础上进行拓展，增加了菜肴盘饰制作模块，更好地适应了行业发展的需求。

本书由广州市旅游商务职业学校朱洪朗担任主编，并负责全书所有项目的编写和统稿，由广州市旅游商务职业学校原校长、中国烹饪大师黎永泰担任主审，由广州市旅游商务职业学校温雪秋负责图片拍摄。顺德梁銶据职业技术学校王俊光，厦门工商旅游学校李川川，广东省贸易职业学校蔡阳，广州市旅游商务职业学校马健雄、刘月娣、杨继杰、巫矩华、伍永乐、区华健、张桂朝、杨田兴、陈平辉参与了编写资料的收集。编者在编写本书的过程中，还得到了江苏、浙江、安徽、福建、湖南等地兄弟学校的帮助，在此向相关人士表示衷心的感谢。

由于编者水平有限，加之时间仓促，书中疏漏之处在所难免，恳请广大读者批评指正。

编　者

2017 年 1 月

目 录

模块一 中餐冷拼制作

模块二　菜肴盘饰制作

模块一

中餐冷拼制作

项目一 中餐冷拼基础知识

项目目标

认知目标

- 理解中餐冷拼的概念。
- 掌握中餐冷拼的分类。
- 了解中餐冷拼的性质与特点。
- 掌握中餐冷拼拼摆的基本步骤。
- 掌握中餐冷拼的构图设计。

情感目标

- 增长学生的见识，激发学生对中餐冷拼的学习兴趣。

任务一 了解中餐冷拼

任务知识

一、中餐冷拼的概念

中餐冷拼也称冷盘、象形拼盘、工艺冷拼、花色冷拼和写实冷拼等，是指将经过加工在常温下可以直接食用的冷菜原料，采用不同的刀法和拼摆手法，按照预先设计的构图拼摆成各种图案，提供给客人食用和欣赏的一门艺术。

中餐冷拼在中餐宴会程序中是与就餐者见面的头菜，它以艳丽的色彩、精湛的刀工和独特的造型呈现在客人的面前，不仅能使客人饱尝口福，还能使其得到视觉美的享受。

二、中餐冷拼的分类

中餐冷拼一般按照以下 3 个标准进行分类。

1. 以中餐冷拼原料的种类组成分类

以中餐冷拼原料的种类作为分类标准，一般有单拼、双拼、三拼、五拼、什锦拼盘等。单拼是指只用一种原料拼摆菜肴，它是最普遍的一类冷拼造型，任何一种原料都可以用来制作单拼；双拼、三拼、五拼等，是指组成冷拼的原料种类有两种、三种和五种等；什锦拼盘是指组成冷拼的原料种类多种多样，可达十几种。

2. 以中餐冷拼造型的艺术呈现特征分类

以中餐冷拼造型的艺术呈现特征作为分类标准，一般分为象形冷拼和写实冷拼两类。象形冷拼是指用各种烹饪原料拼摆出各种抽象造型的拼盘，是传统冷拼的代表；写实冷拼是指拼摆的造型看起来非常逼真的拼盘。

3. 以中餐冷拼造型的空间形态构成分类

以中餐冷拼造型的空间形态构成作为分类标准，一般分为平面造型、卧式造型和立体造型 3 类。平面造型是将各种可食冷菜原料经过刀工处理后，在盛器的平面上拼摆成凹凸不平但起伏很小的造型，操作相对简单；卧式造型是指按照预先设计好的图案，用原料垫底，形成一定立体造型，虽立体感不强，但视觉效果比平面造型好看，造型相对复杂；立体造型是指在卧式造型的基础上再加强立体效果，造型结构复杂，难度非常高，对制作者的技术要求非常高，需要雕刻、粘摆和美术等辅助技能，是现代中餐冷拼技能竞赛中广泛使用的冷拼造型。

三、中餐冷拼的性质和特点

中餐冷拼作为一种独立又很有特色的艺术菜品，一般具有以下几种性质和特点。

1. 滋味稳定，相对容易保存

中餐冷拼是在常温下可以食用的一种菜品，不像热菜那样会受温度高低的影响而发生滋味和品质的变化，它能承受相对较低的温度，在一定的时间和温度范围内，可以较长时间地保持其风味。

2. 汁少，容易造型

一般来说，大多数冷菜汁少，比热菜更容易进行造型和盘饰，非常有利于拼摆，不会受汁水的影响而串味。

3. 具有多样性、食用性

中餐冷拼一般由多种原料组合而成，不论在口味上，还是在造型、色彩的搭配上，都要注意其食用价值。

4. 对操作过程、卫生要求严格

冷拼是经过拼摆后直接给客人食用的，不需要再加热，所以它比热菜更容易被污染。其制作环境设备卫生、制作过程卫生和制作者自身的卫生等都必须严格规范。

5. 最佳食用温度偏低

研究发现，温度在 8 ～ 12℃时，冷拼才最能体现其风味特色。

任务思考

1. 简述中餐冷拼的概念。
2. 简述中餐冷拼的性质与特点。
3. 简述中餐冷拼的分类。

任务二 掌握中餐冷拼的制作方法

任务知识

一、中餐冷拼材料的选择

用于制作中餐冷拼的原料品种繁多，制作者在制作过程中可根据需要有目的地选择原料，同时要注意荤素搭配和营养均衡。制作中餐冷拼常用的原料可分为以下几类。

1）常用的动物性原料包括酱牛肉、酱猪耳朵、虾、鸡蛋干、方火腿、蒜蓉肠、红肠、烟熏鸭胸肉、鸡肉肠、午餐肉、猪舌头、猪肝、腌鱼、鱼蓉卷、紫菜肉卷、蛋白糕、蛋黄糕、皮蛋、肉松等。

2）常用植物性的原料包括黄瓜、胡萝卜、白萝卜、心里美萝卜、青萝卜、莴笋、西芹、蒜薹、生菜、青红椒、香菇、茭白、各种水果等。

3）其他常用的原料包括琼脂糕、鱼胶等。

二、中餐冷拼拼摆的基本方法

1. 堆叠法

堆叠法是将刀工成形的原料（一般是丝或者片），按照图案设计要求，堆码在盘中。此方法一般用于中餐冷拼的垫底，如馒头形、桥形等。

2. 平行拼叠法

平行拼叠法是将原料切片后按照直线或者斜线一片叠一片摆放。此方法一般用于小桥的盖面制作、立体的假山制作等。

3. 弧形拼摆法

弧形拼摆法是将原料切片，按照一定的角度一片叠一片地摆放，每片的距离要保持一致。此方法一般用于单拼、双拼、三拼、假山的制作等。

4. 拧捏法

拧捏法是将修好成形的原料用拉刀法切出断而不散的形状（保持原料修好的形状），根据冷拼的需求，用手轻轻地拧捏成想要的造型的一种方法。此方法是近年来非常流行的一种冷拼手法，一般用于荷叶、鸟类羽毛、花类等造型的拼摆。

三、中餐冷拼拼摆的基本步骤

1. 选料

根据冷拼构思进行原料的选择，在选料时，注意原料色彩、荤素、营养、口味等搭配，要符合食用的要求。

2. 垫底

垫底是中餐冷拼最基础的操作步骤，它是中餐冷拼造型的关键。成功的垫底可以使冷拼的造型更加饱满、充实、富有立体感，在操作过程中大多以可食用的丝、片等形状的原料为主。

3. 盖面

中餐冷拼的盖面是根据设计造型的需求，选择对应的原料，经过刀工处理、拼摆后使之整齐地覆盖在垫底材料最上面，使整个冷拼造型更加饱满、美观。一般按照先主后次、先大后小、先下后上、先尾后身的原则进行盖面。用于盖面的原料大多是材料最好的部位，这样可以使冷拼造型更加突出、风味更鲜明。

4. 点缀

点缀是在中餐冷拼拼摆结束之后，为了使造型美观而进行适当装饰美化的过程。在点缀过程中要注意大小比例、位置摆放，不能杂乱，也不能喧宾夺主。

四、中餐冷拼的构图设计

构图设计是中餐冷拼造型的组织艺术，在冷拼制作过程中，如果缺乏预先的构图设计，会无从下手。中餐冷拼的构图设计不同于绘画，它所用的食材是可食用的食材，受到食用目的的制约，同时也受到原料制作工艺条件的限制。要掌握中餐冷拼造型的构图规律，应从以下 5 个方面入手。

1. 主题

中餐冷拼不论是材料的选择还是结构的安排，都要突出主题。主题命名要紧扣宴席主题，既要表达主题的意境，又要寓意深刻。

2. 构思

构思是中餐冷拼的设想，设想要符合宴会主题。构思取材可以来自现实生活，也可以遐想夸张。因此，在冷拼造型的构思中，可以充分发挥想象力和创造力，尽情地表达思想感情和意境效果。在构思过程中，一定要全面考虑冷拼造型的特点，既要考虑到冷拼的艺术欣赏价值，又要注重冷拼的使用价值。

3. 布局

中餐冷拼布局要合理，主要体现在各种元件摆放的位置合理、大小比例恰当上，最终达到气韵生动的效果。

4. 虚实

对于中餐冷拼造型来说，巧妙的虚实处理是构图成功的关键之一。“留白”是构图的主要组成部分，中国绘画艺术讲究“留白”效果，在中餐冷拼制作过程中，如果处理得当，虚实相间，会使冷拼造型更具有感染力。

5. 完整

中餐冷拼造型的构图在形式上要有可视性，在结构上要合理有序，不可松散、杂乱，外形要完整，形式和内容要统一，相互映衬。

任务思考

1. 简述中餐冷拼的基本步骤。
2. 论述中餐冷拼的构图设计。

项目二 中餐冷拼制作实训

项目目标

技能目标

- 基本完成中餐冷拼的任务制作。
- 掌握中餐冷拼制作的手法和技巧。
- 熟练独立设计与制作中餐冷拼作品。

情感目标

- 增长学生的见识，激发学生对中餐冷拼制作的兴趣。
- 培养学生的团队合作精神，塑造学生良好的职业素养。

任务一　制作“蓑衣莴笋”造型

任务目标

1. 了解蓑衣莴笋的构图。
2. 掌握制作蓑衣莴笋的工艺流程。
3. 掌握制作蓑衣莴笋的方法和操作的关键步骤。
4. 根据制作蓑衣莴笋的工艺要求，熟知类似造型冷拼的拼制方法。

任务分析

1. 所需原料

莴笋。

2. 制作工艺流程

修料→剞刀切一面→剞刀切另一面→拼摆成形。

3. 制作工艺要求

1）剞切莴笋时，刀距要控制在 0.2 厘米左右，刀纹深度约为原料的 2/3（一定要超过 1/2）。

2）剞切第一面时，刀面和原料的夹角不要超过 20°。

3）剞切另一面时，刀面和原料的夹角为 0°。

4）剞切时，也可以采用两面斜切的方法（一面刀与原料的夹角约为 15°，另外一面刀与原料的夹角约为 5°）。

5）两面的夹角不要超过 25°，否则会拉不开或者拉不长。

6）切好拉出的原料长度要大于原料本身长度一倍以上。

任务实施

1）教师示范，操作分解步骤如图 2-1 所示。

2）学生模仿教师操作分解步骤进行制作，根据教学要求完成个人实训任务。

（a）准备好莴笋

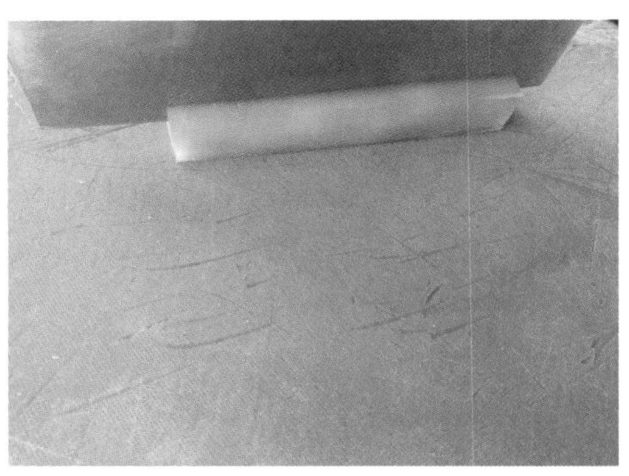

（b）把莴笋修成长约 10 厘米、宽约 3 厘米、高约 1 厘米的长方条

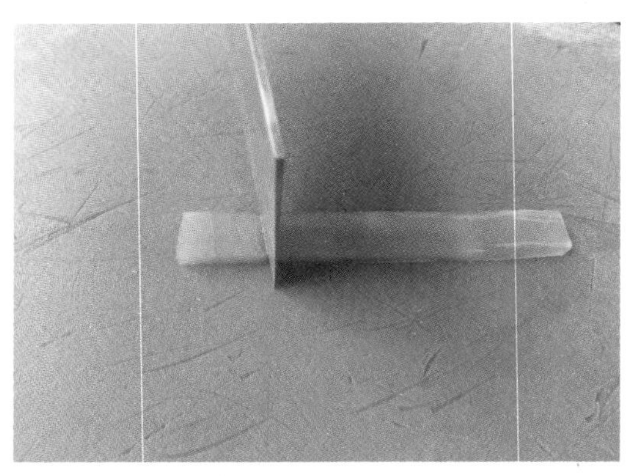

（c）在原料的一面斜剞上刀纹

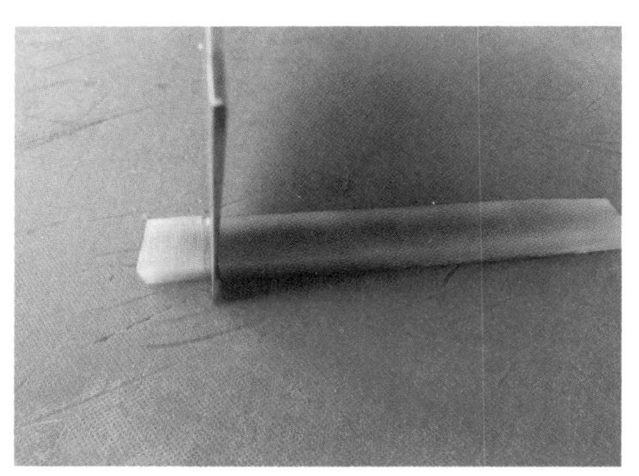

（d）在原料的另一面直剞上刀纹

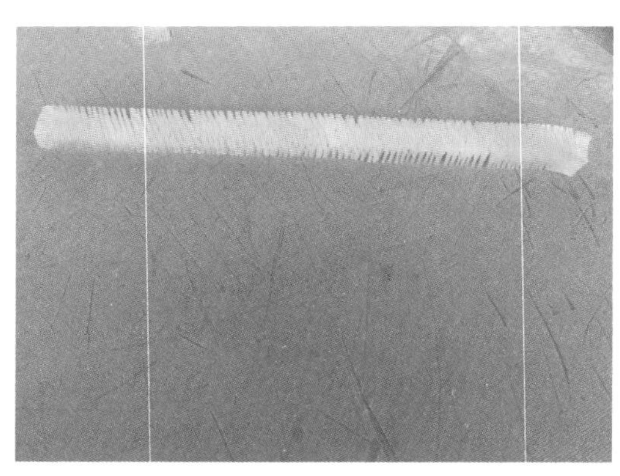

（e）轻轻地拉开

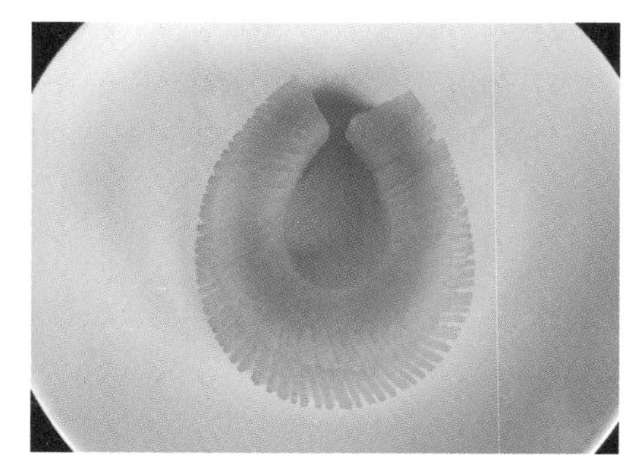

（f）把切好的莴笋一层叠一层地摆放好

图 2-1　制作“蓑衣莴笋”造型

（g）完成作品

图 2-1 （续）

任务评价

完成任务评价表（附表 1-1）。

制作“蓑衣莴笋”造型

任务作业

完成实训报告书（附录二）。

任务思考

列举 5 种以上适合采用蓑衣花刀的原料。

任务二　制作“单拼黄瓜”造型

任务目标

1. 了解单拼黄瓜的构图。
2. 掌握制作单拼黄瓜的工艺流程。
3. 掌握制作单拼黄瓜的方法和操作的关键步骤。
4. 根据制作单拼黄瓜的工艺要求，熟知类似造型冷拼的拼制方法。

任务分析

1. 所需原料

黄瓜、红椒丝。

2. 制作工艺流程

修料→拼摆第 1 层→黄瓜片垫底→拼摆第 2 层→黄瓜片垫底→拼摆第 3 层→红椒丝点缀。

3. 制作工艺要求

1）切黄瓜时，切片要薄，刀纹要一致。

2）拼摆时，注意每层黄瓜拼摆为圆形。

3）整个作品的高度控制在 5 ～ 7 厘米为佳。

任务实施

1）教师示范，操作分解步骤如图 2-2 所示。

2）学生模仿教师操作分解步骤进行制作，根据教学要求完成个人实训任务。

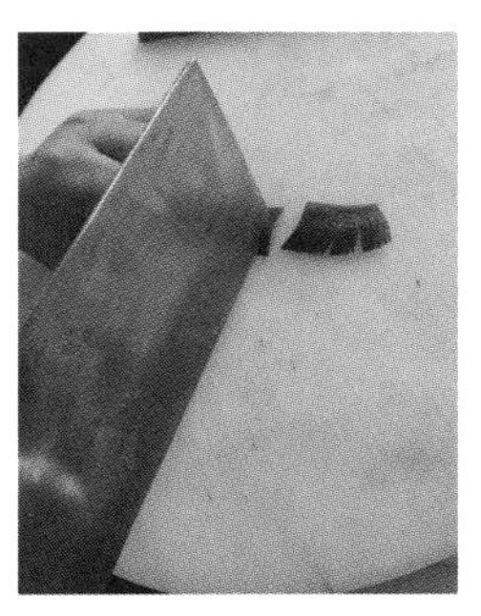

（a）将黄瓜纵向劈开，切成厚约 0.3 厘米的薄片，然后切成凤尾形

（b）将黄瓜压出刀纹

（c）沿着圆盘的边缘摆出圆形

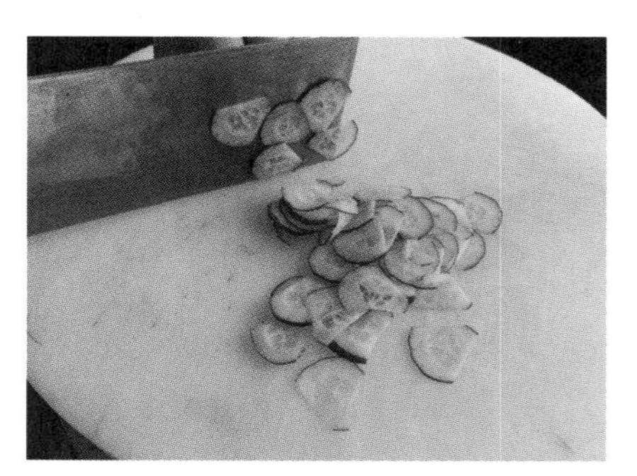

（d）取另一根黄瓜切片

图 2-2　制作“单拼黄瓜”造型

（e）将切好的黄瓜片摆在图形黄瓜中间空白区域，垫底

（f）重复（a）～（e）的操作摆出第 2 层

（g）重复（a）～（e）的操作摆出第 3 层

（h）将切好的红椒丝点缀在最上方

（i）完成作品

图 2-2 （续）

制作“单拼黄瓜”造型

任务评价

完成任务评价表（附表 1-1）。

任务作业

完成实训报告书（附录二）。

任务思考

在制作“单拼黄瓜”造型的过程中有哪些关键点？

任务三　制作“菱形花”造型

任务目标

1. 了解菱形花的构图。
2. 掌握制作菱形花的工艺流程。
3. 掌握制作菱形花的方法和操作的关键步骤。
4. 根据制作菱形花的工艺要求，熟知类似造型冷拼的拼制方法。

任务分析

1. 所需原料

莴笋、胡萝卜。

2. 制作工艺流程

修料→切菱形块→拼摆→点缀。

3. 制作工艺要求

1）莴笋要修成长约 15 厘米、宽约 1.5 厘米、高约 0.8 厘米的长条。

2）将莴笋切成菱形块，在切块时，刀面与原料要保持 45° 夹角，块的大小要一致。

3）胡萝卜要切成细丝。

4）拼摆要有层次感。

任务实施

1）教师示范，操作分解步骤如图 2-3 所示。

2）学生模仿教师操作分解步骤进行制作，根据教学要求完成个人实训任务。

（a）将胡萝卜切成细丝

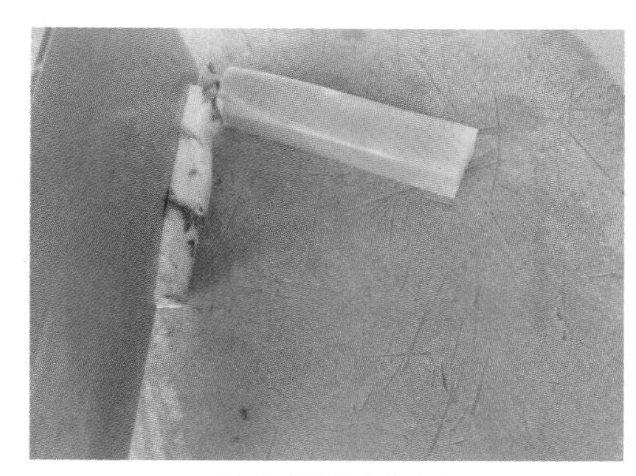

（b）将莴笋修成长方条

（c）将莴笋斜刀切成菱形块

（d）用冰水泡制切好的莴笋

（e）把菱形块摆在圆盘中

（f）拼摆第 2 层

图 2-3　制作“菱形花”造型

（g）拼摆第 3 层

（h）用胡萝卜丝点缀，完成作品

图 2-3 （续）

任务评价

完成任务评价表（附表 1-1）。

制作“菱形花”造型

任务作业

完成实训报告书（附录二）。

任务思考

如何切好菱形块？在切菱形块时，应该掌握哪些要点？

任务四　制作“卷花”造型

任务目标

1. 了解卷花的构图。
2. 掌握制作卷花的工艺流程。
3. 掌握制作卷花的方法和操作的关键步骤。
4. 根据制作卷花的工艺要求，熟知类似造型冷拼的拼制方法。

任务分析

1. 所需原料

胡萝卜、白萝卜、糖醋汁。

2. 制作工艺流程

白萝卜切薄片→胡萝卜切丝→用白萝卜片卷胡萝卜丝→切菱形块 →拼摆。

3. 制作工艺要求

1）白萝卜切片时，要控制好厚度，切片要均匀。

2）切菱形块时大小要一致。

3）拼摆时，注意要摆成圆形。

任务实施

1）教师示范，操作分解步骤如图 2-4 所示。

2）学生模仿教师操作分解步骤进行制作，根据教学要求完成个人实训任务。

（a）将一部分白萝卜切成 0.1 厘米左右的薄片

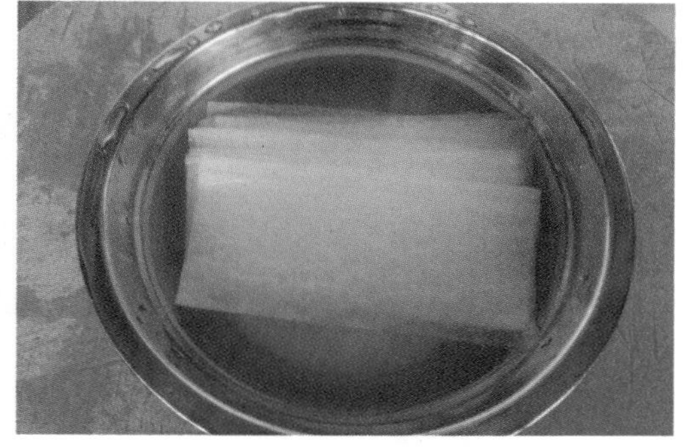

（b）将白萝卜片放入糖醋汁中腌制

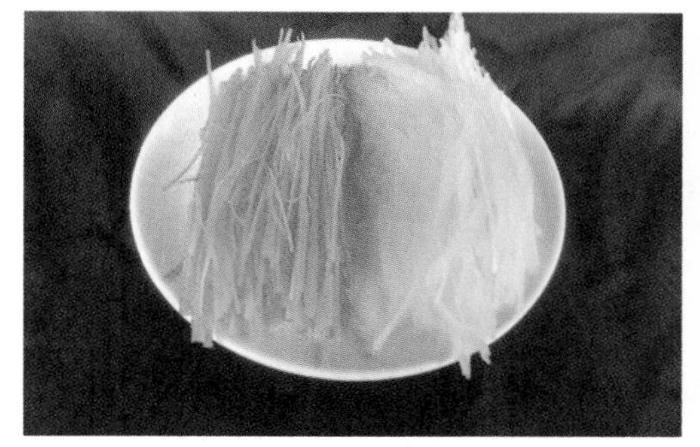

（c）将剩余的白萝卜和胡萝卜切丝

（d）用白萝卜片卷胡萝卜丝

图 2-4　制作“卷花”造型

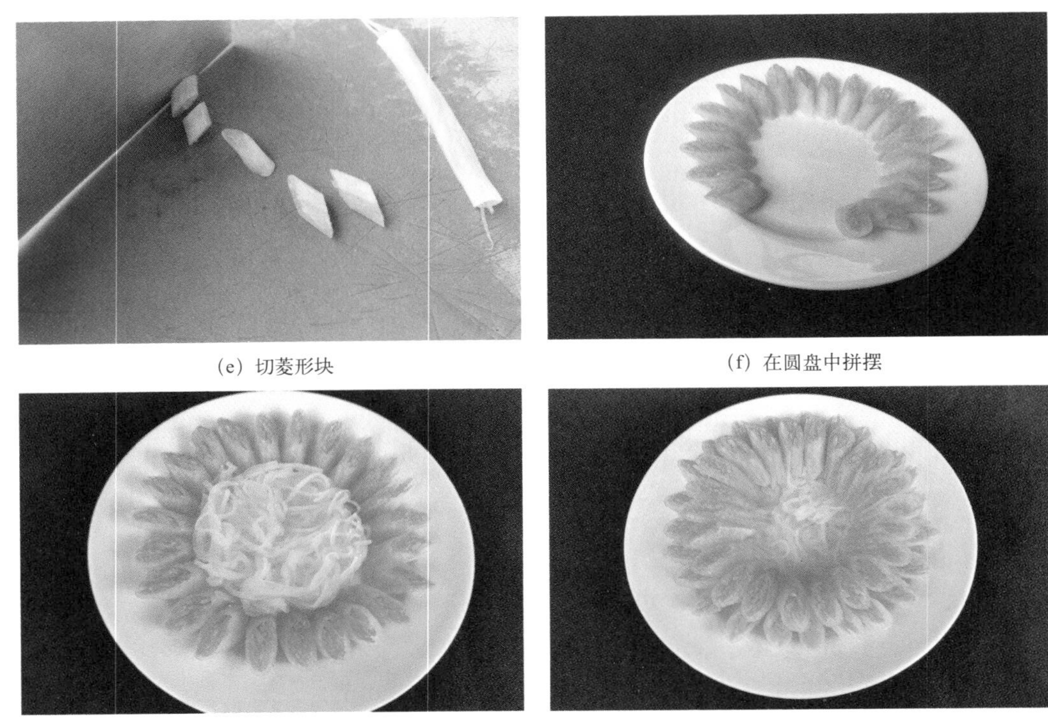

（e）切菱形块

（f）在圆盘中拼摆

（g）垫白萝卜丝

（h）拼摆第 2 层

（i）同样方法，拼摆 3 ~ 7 层

图 2-4 （续）

（j）完成作品

图 2-4 （续）

任务评价

完成任务评价表（附表 1-1）。

任务作业

完成实训报告书（附录二）。

任务思考

1. 白萝卜片还可以采用哪种刀法来完成？
2. 采用哪些原料搭配卷制，颜色会比较漂亮？请举例说明。

任务五　制作“双拼”造型

任务目标

1. 了解双拼的构图及各种原料的加工制作方法。
2. 掌握制作双拼的工艺流程。
3. 掌握制作双拼的方法和操作的关键步骤。
4. 根据制作双拼的工艺要求，熟知类似造型冷拼的拼制方法。

任务分析

1. 所需原料

方火腿、白萝卜。

2. 制作工艺流程

方火腿垫底→方火腿盖面拼摆→白萝卜切丝→拼摆。

3. 制作工艺要求

1）方火腿垫底要平整，不能凹凸不平。

2）方火腿切片时，应厚薄均匀；盖面时，方火腿片的间距要一致。

3）白萝卜丝要切成火柴棍粗细。

4）软面（软面又称乱刀面，指无法或不能整齐地排列、堆砌的不成形或不规则的表面）和硬面（硬面又称刀面，指经刀工处理后具有特定形态的排列整齐而有节奏感的表面）大小要一致。

任务实施

1）教师示范，操作分解步骤如图 2-5 所示。

2）学生模仿教师操作分解步骤进行制作，根据教学要求完成个人实训任务。

(a) 将方火腿修成直角三角形

(b) 将两个直角三角形的方火腿摆在盘中

(c) 将方火腿切片垫底

(d) 将方火腿修成梯形

(e) 将方火腿切薄片

(f) 用切好的方火腿片盖面

(g) 分 2 ~ 3 次盖面

(h) 第 2 层垫底

图 2-5 制作“双拼”造型

（i）第 2 层盖面，完成硬面制作

（j）用盐腌制白萝卜丝

（k）把腌制好的白萝卜丝拼成半球型，
完成软面制作

（l）软面和硬面中间留约 0.5 厘米宽的缝隙

（m）完成作品

图 2-5 （续）

任务评价

完成任务评价表（附表 1-1）。

制作“双拼”造型

任务作业

完成实训报告书（附录二）。

任务思考

制作“双拼”造型的要点有哪些?

任务六 制作“三拼”造型

任务目标

1. 了解三拼的构图及各种原料的加工制作方法。
2. 掌握制作三拼的工艺流程。
3. 掌握制作三拼的方法和操作的关键步骤。
4. 根据制作三拼的工艺要求，熟知类似造型冷拼的拼制方法。

任务分析

1. 所需原料

黄瓜、胡萝卜、方火腿、生姜。

2. 制作工艺流程

修料→垫底→拼摆→盖面→垫底→拼摆→盖面→点缀。

3. 制作工艺要求

1）将黄瓜、胡萝卜、方火腿修成直角三角形，大小、高度要一致。

2）将黄瓜、胡萝卜、方火腿切片垫底，垫底高度要一致，约为 4 厘米。

3）盖面的片与片的间隙要保持一致。

4）拼好的三面大小、高度要一致，6 ～ 7 厘米为宜。

5）三面要拼摆成 3 个扇形形状。

任务实施

1）教师示范，操作分解步骤如图 2-6 所示。

2）学生模仿教师操作分解步骤进行制作，根据教学要求完成个人实训任务。

（a）将 3 种原料修成直角三角形，摆入盘中，缝隙约为 0.5 厘米

（b）将 3 种原料切片垫底，三面大小一致

（c）将胡萝卜切片

（d）用胡萝卜片盖面

（e）将方火腿切片

（f）用方火腿片盖面

图 2-6　制作“三拼”造型

（g）将黄瓜切片

（h）用黄瓜片盖面，三面中间呈一枚一元硬币大小的圆形

（i）用姜丝点缀，完成作品

图 2-6 （续）

任务评价

完成任务评价表（附表 1-1）。

制作“三拼”造型

任务作业

完成实训报告书（附录二）。

任务思考

1. 制作“三拼”造型时，如何控制好三面的大小，使其保持一致？
2. 制作“三拼”造型时，应该遵循哪些原则？

任务七　制作“什锦冷拼”造型

任务目标

1. 了解什锦冷拼的构图设计及各种原料的加工制作方法。
2. 掌握制作什锦冷拼的工艺流程。
3. 掌握制作什锦冷拼的方法和操作的关键步骤。
4. 根据制作什锦冷拼的工艺要求，熟知类似造型冷拼的拼制方法。

任务分析

1. 所需原料

莴笋、胡萝卜、南瓜、黄瓜、午餐肉、鸡蛋干、蕃茜、心里美萝卜。

2. 制作工艺流程

切丝垫底→修盖面的料→拼摆→点缀。

3. 制作工艺要求

1）制作时，原料的垫底要平整。

2）将盖面的每一种原料修成长短大小一致的长条。

3）拼摆时，要控制好每个小面的大小比例。

任务实施

1）教师示范，操作分解步骤如图 2-7 所示。

2）学生模仿教师操作分解步骤，根据教学要求完成个人实训任务。

（a）将莴笋切细丝，垫底

（b）将胡萝卜、南瓜、午餐肉切长条，盖面

图 2-7　制作“什锦冷拼”造型

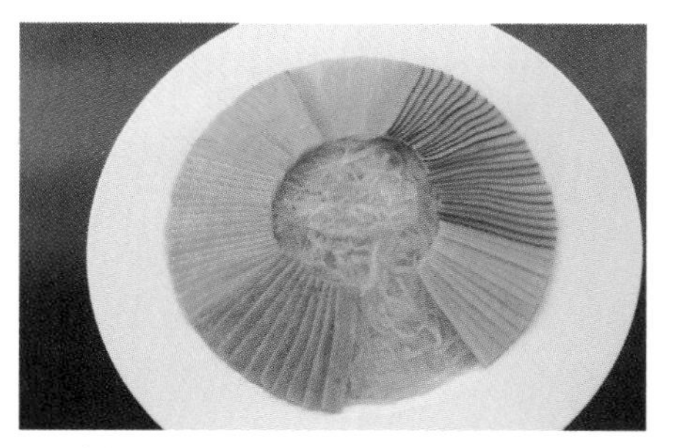
(c) 将鸡蛋干、黄瓜、莴笋切长条，盖面

(d) 心里美萝卜切成半圆片，拼摆出圆形

(e) 将莴笋、胡萝卜切细丝，再加上蕃茜点缀，完成作品

图 2-7 （续）

任务评价

完成任务评价表（附表 1-1）。

制作“什锦冷拼”造型

任务作业

完成实训报告书（附录二）。

任务思考

制作“什锦冷拼”造型时，垫底的作用是什么？

任务八　制作“假山”造型

任务目标

1. 了解假山的构图及各种原料的加工制作方法。
2. 掌握制作假山的工艺流程。
3. 掌握制作假山的方法和操作的关键步骤。
4. 根据制作假山的工艺要求，熟知类似造型冷拼的拼制方法。

任务分析

1. 所需原料

黄瓜、白萝卜、胡萝卜、红肠、西兰花、莴笋、鸡蛋干、蒜蓉肠。

2. 制作工艺流程

垫底→修料→拼摆→点缀。

3. 制作工艺要求

1）制作假山的原料，切片厚薄、间距要均匀。

2）假山要有层次感。

任务实施

1）教师示范，操作分解步骤如图 2-8 所示。

2）学生模仿教师操作分解步骤进行制作，根据教学要求完成个人实训任务。

（a）白萝卜切丝垫底，将红肠、蒜蓉肠切薄片摆成假山形状

图 2-8　制作“假山”造型

（b）将胡萝卜切薄片摆出假山起伏状态

（c）将莴笋、蒜蓉肠切薄片摆出假山起伏状态

（d）用西兰花点缀

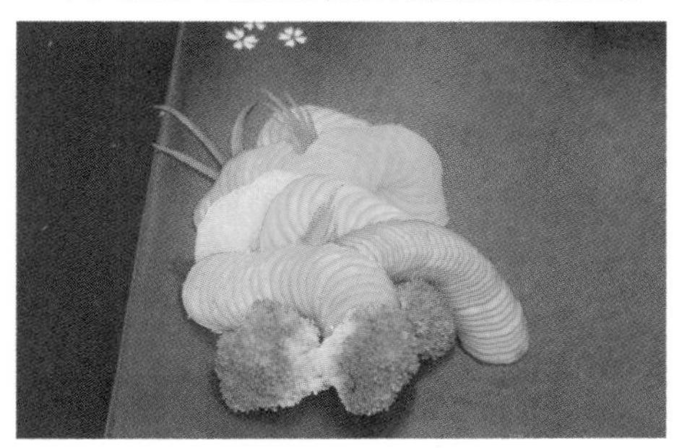

（e）用黄瓜皮刻出小草的形状

（f）用鸡蛋干刻侧面的小亭子

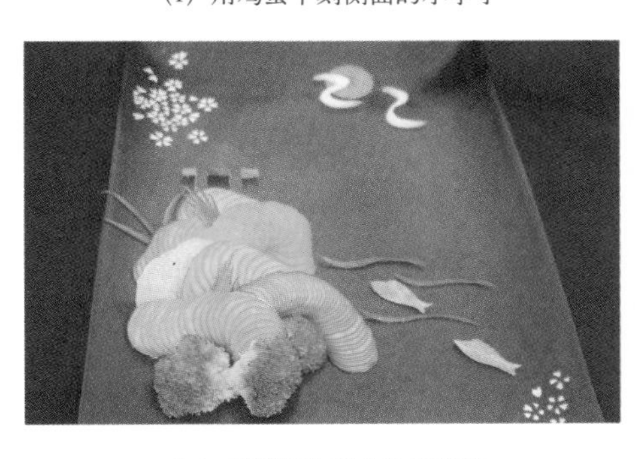

（g）用胡萝卜刻小鱼仔装饰

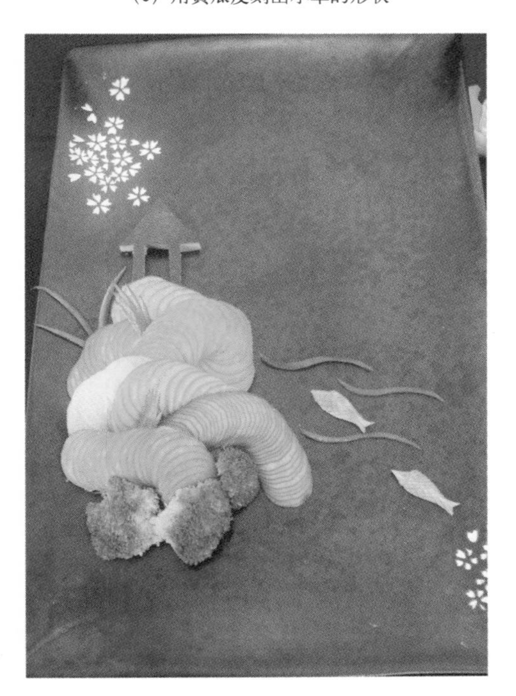

（h）完成作品

图 2-8 （续）

任务评价

完成任务评价表（附表 1-1）。

任务作业

完成实训报告书（附录二）。

任务思考

假山的拼摆应掌握哪些原则?

任务九　制作“微松”造型

任务目标

1. 了解微松的构图及各种原料的加工制作方法。
2. 掌握制作微松的工艺流程。
3. 掌握制作微松的方法和操作的关键步骤。
4. 根据制作微松的工艺要求，熟知类似造型冷拼的拼制方法。

任务分析

1. 所需原料

黄瓜、胡萝卜、白萝卜、鱼蓉卷、红肠、西兰花、果酱。

2. 制作工艺流程

刻出树干→切出松树叶→拼摆树叶→拼摆假山→点缀。

3. 制作工艺要求

1）树干要雕刻得直一点儿，树枝要呈现曲线美。
2）树叶要切成凤尾形，刀工要精致、均匀。
3）拼摆的树叶要有层次感。
4）拼摆假山时，色彩搭配要合理，形态要高低起伏。

任务实施

1）教师示范，操作分解步骤如图 2-9 所示。

2）学生模仿教师操作分解步骤进行制作，根据教学要求完成个人实训任务。

（a）用黄瓜刻出树干的形状

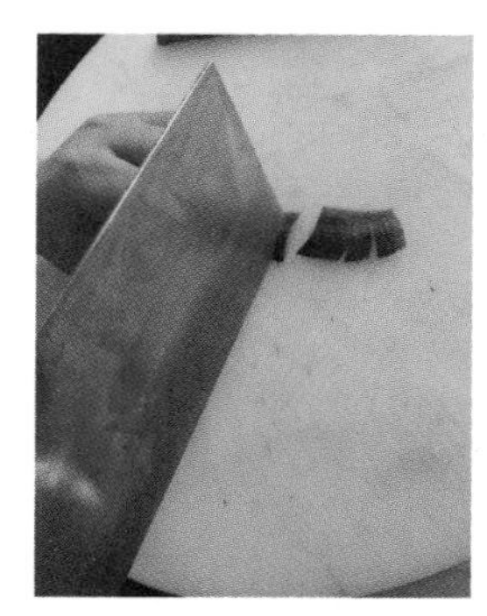

（b）将黄瓜切薄片，然后切成凤尾形

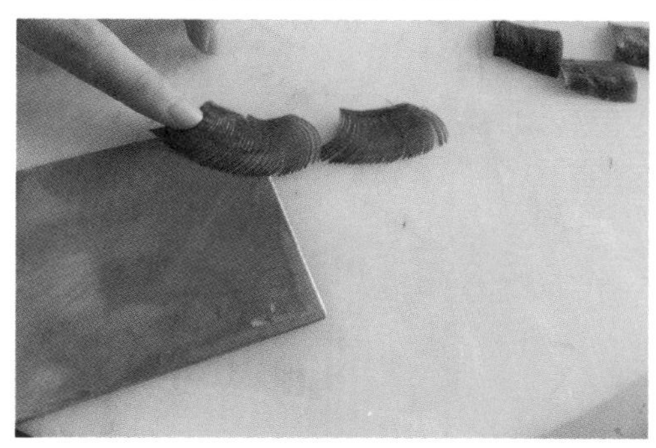

（c）压出纹路

（d）用切好的黄瓜，摆出树叶的形状

（e）将胡萝卜、鱼蓉卷切片叠起，摆在盘中相应位置；用胡萝卜和白萝卜做出太阳和云朵

（f）用红肠、黄瓜、鱼蓉卷切片摆出假山的形状；用黄瓜刻出小草的形状；用西兰花点缀

图 2-9　制作“微松”造型

（g）用果酱题字，完成作品

图 2-9 （续）

任务评价

完成任务评价表（附表 1-1）。

任务作业

完成实训报告书（附录二）。

任务思考

松树代表什么？它适合什么类型的宴席？

任务十　制作“椰岛风情”造型

任务目标

1．了解椰子树的构图设计及各种原料的加工制作。

2．掌握椰子树制作的工艺流程。

3．掌握椰子树制作的方法和操作关键。

4．能根据椰子树作品制作工艺要求，熟知类似造型冷拼的拼制方法。

任务分析

1．所需原料

黄瓜、心里美萝卜、节瓜、西兰花、虾、鸡蛋干、香肠。

2．制作工艺流程

椰子树叶制作→拼摆椰子树→假山制作→点缀。

3．制作工艺要求

1）将椰子树叶子切出纹路，纹路要均匀。

2）拼摆椰子树要有一定的活度，点缀要适当。

任务实施

1）教师示范，操作分解步骤如图 2-10 所示。

2）学生模仿教师操作分解步骤进行制作，根据教学要求完成个人实训任务。

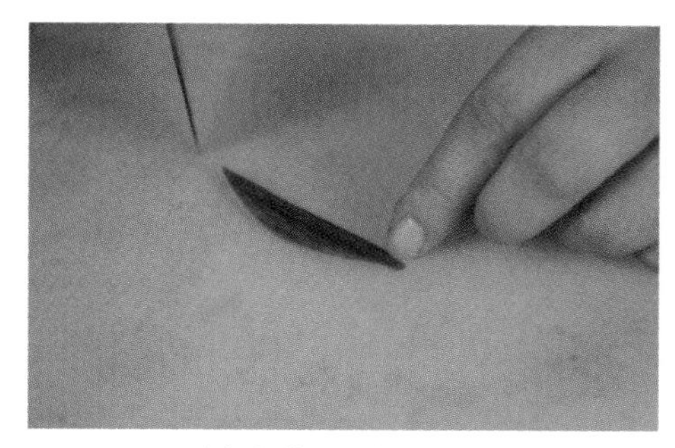

(a) 将黄瓜修成柳叶形状

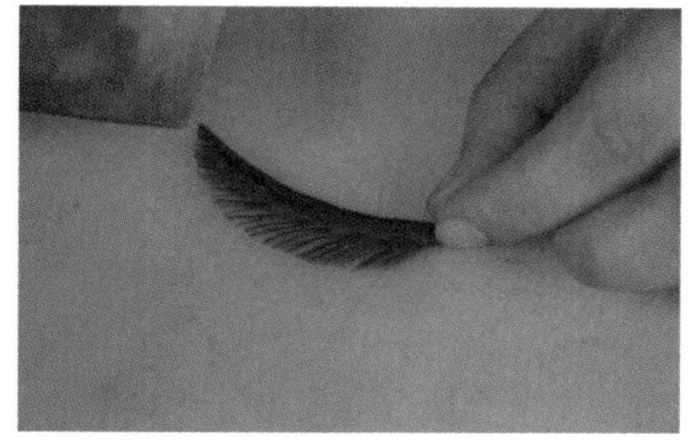

(b) 跳刀切出纹路

(c) 拼摆叶子

(d) 用鸡蛋干修饰树干，用心里美萝卜挖球做椰子

图 2-10　制作“椰岛风情”造型

（e）用节瓜、香肠、黄瓜拼出假山造型

（f）用虾、西兰花摆出假山造型

（g）最后点缀，完成作品

图 2-10 （续）

任务评价

完成任务评价表（附表 1-1）。

制作“椰岛风情”造型

任务作业

完成实训报告书（附录二）。

任务思考

拼制椰子树有哪些技巧？

任务十一　制作“小桥”造型

任务目标

1. 了解小桥的构图及各种原料的加工制作方法。
2. 掌握制作小桥的工艺流程。

3. 掌握制作小桥的方法和操作的关键步骤。

4. 根据制作小桥的工艺要求，熟知类似造型冷拼的拼制方法。

任务分析

1. 所需原料

午餐肉、鸡蛋干、南瓜。

2. 制作工艺流程

将鸡蛋干切片→用午餐肉刻桥身→用雕刻刀在南瓜片上刻出纹路→用鸡蛋干薄片拼出桥面→把刻好的南瓜放在桥上作为桥柱。

3. 制作工艺要求

1）拼制桥面时，鸡蛋干切片的长度要一致，间距要相等。

2）桥身要有一定的弯度。

3）桥身两侧要用拉线刀刻出纹路，才像砖块的感觉。

任务实施

1）教师示范，操作分解步骤如图 2-11 所示。

2）学生模仿教师操作分解步骤进行制作，根据教学要求完成个人实训任务。

（a）将鸡蛋干修成长方形薄片

（b）将午餐肉修成半圆形

（c）将午餐肉修成桥身的形状

（d）用拉线刀刻出桥的纹路

图 2-11　制作“小桥”造型

（e）用大的 U 形刀进行桥洞的雕刻

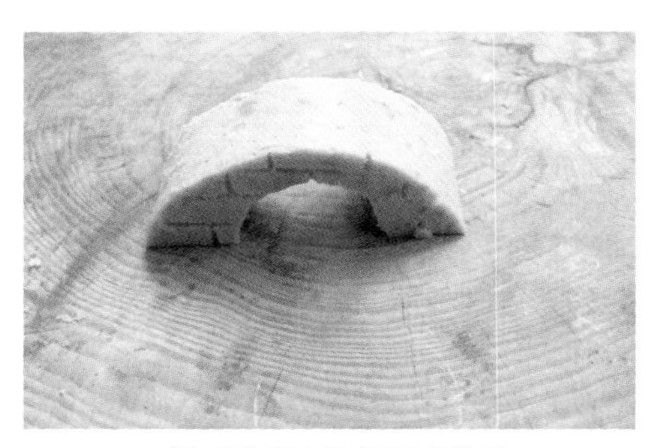

（f）将午餐肉修成桥身的造型

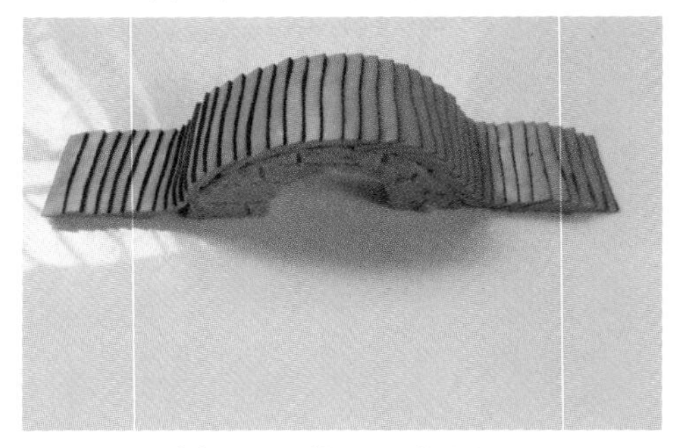

（g）用切好的鸡蛋干拼出桥面

（h）将南瓜切片，切片长度要等于桥面的长度，厚度约为 0.3 厘米，用雕刻刀刻出纹路

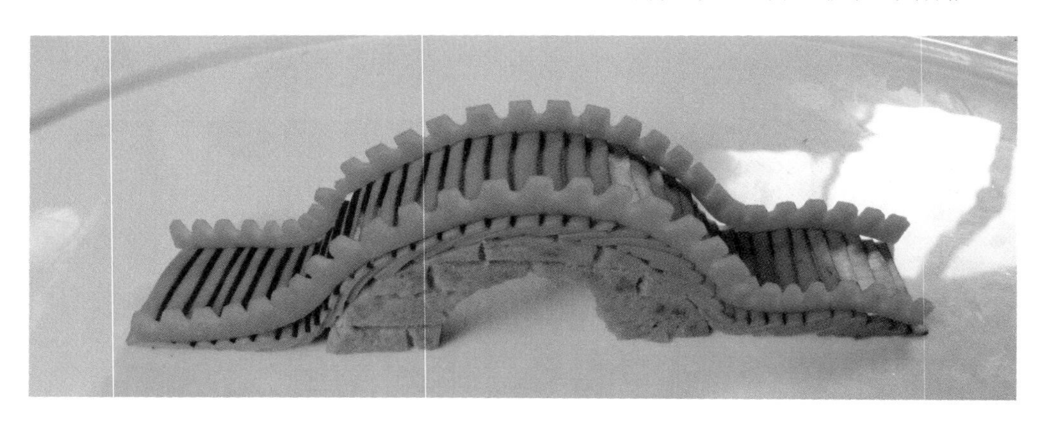

（i）把刻好的南瓜放在桥上作为桥柱，完成作品

图 2-11 （续）

任务评价

完成任务评价表（附表 1-1）。

任务作业

完成实训报告书（附录二）。

任务思考

1. 如何快速切鸡蛋干薄片？应该注意什么？
2. 如何利用小桥来设计冷拼作品？

任务十二　制作“彩扇”造型

任务目标

1. 了解彩扇的构图及各种原料的加工制作方法。
2. 掌握制作彩扇的工艺流程。
3. 掌握制作彩扇的方法和操作的关键步骤。
4. 根据制作彩扇的工艺要求，熟知类似造型冷拼的拼制方法。

任务分析

1. 所需原料

方火腿、胡萝卜、黄瓜、心里美萝卜。

2. 制作工艺流程

修料→拼摆扇面→装饰。

3. 制作工艺要求

1）用方火腿作扇面，方火腿长条的长度要一致，拼摆的间距要均匀。
2）要把握好扇面张开的角度。
3）点缀时要细致、美观。

任务实施

1）教师示范，操作分解步骤如图 2-12 所示。
2）学生模仿教师操作分解步骤进行制作，根据教学要求完成个人实训任务。

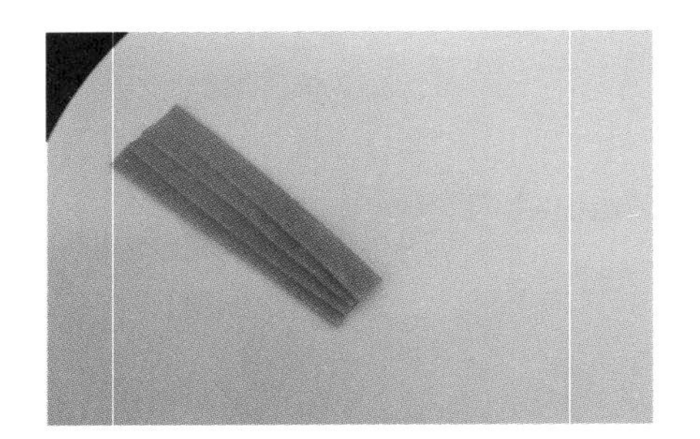

（a）将方火腿切长条

（b）一片叠一片摆放方火腿长条

（c）将方火腿长条叠成一个扇形

（d）将胡萝卜切片摆出扇柄

（e）将黄瓜切长条

（f）将黄瓜切成半圆形的薄片，摆出扇花

（g）将黄瓜切成柳叶形，将心里美萝卜切细丝装饰，完成作品

图 2-12　制作“彩扇”造型

任务评价

完成任务评价表（附表 1-1）。

任务作业

完成实训报告书（附录二）。

任务思考

如何控制扇面拼制的角度?

任务十三　制作“月季花”造型

任务目标

1. 了解月季花的构图及各种原料的加工制作方法。
2. 掌握制作月季花的工艺流程。
3. 掌握制作月季花的方法和操作的关键步骤。
4. 根据制作月季花的工艺要求，熟知类似造型冷拼的拼制方法。

任务分析

1. 所需原料

黄瓜、心里美萝卜、白萝卜。

2. 制作工艺流程

心里美萝卜、白萝卜修料→拼摆花→用黄瓜制作叶子→点缀。

3. 制作工艺要求

1）心里美萝卜要修成半圆形，切片要薄（以厚约 0.1 厘米为宜），否则难以卷成花瓣形状。

2）要把握好月季花的花瓣盛开程度，多向外打开。

3）假山部分要刀工细腻、拼摆精致。

任务实施

1）教师示范，操作分解步骤如图 2-13 所示。

2）学生模仿教师操作分解步骤进行制作，根据教学要求完成个人实训任务。

（a）将心里美萝卜修成半圆形，切薄片

（b）将切好的薄片放入白醋中浸泡后捞出

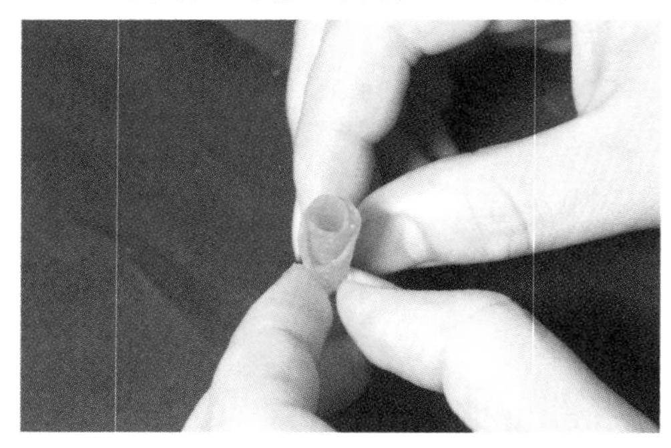

（c）用心里美萝卜薄片卷出花的中心部分

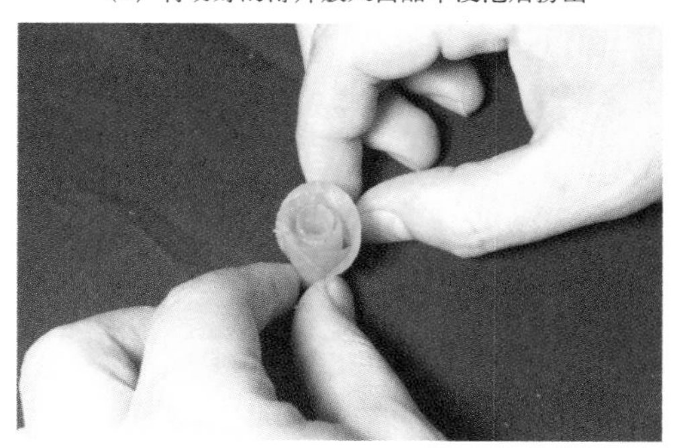

（d）用心里美萝卜薄片卷出花瓣

（e）用心里美萝卜薄片卷出 5 层花瓣

（f）同样方法制作 3 朵花，用黄瓜切出叶子点缀

图 2-13　制作“月季花”造型

（g）完成作品

图 2-13 （续）

任务评价

完成任务评价表（附表 1-1）。

制作“月季花”造型

任务作业

完成实训报告书（附录二）。

任务思考

制作月季花的技巧是什么？

任务十四　制作“牡丹花”造型

任务目标

1. 了解牡丹花的构图及各种原料的加工制作方法。

2. 掌握制作牡丹花的工艺流程。

3. 掌握制作牡丹花的方法和操作的关键步骤。

4. 根据制作牡丹花的工艺要求，熟知类似造型冷拼的拼制方法。

任务分析

1. 所需原料

胡萝卜、心里美萝卜、青萝卜。

2. 制作工艺流程

制作花蕊→修花托→拼摆花瓣→刻叶子。

3. 制作工艺要求

1）制作牡丹花前，要刻出花托，便于花的成型。

2）牡丹花花瓣的制作要用拉刀法，保持切好原料的完整性，便于拼摆。

3）要把握好牡丹花花瓣的数量和层次。

4）拼摆的最后要给花瓣制作一定的造型，这样才形象逼真。

任务实施

1）教师示范，操作分解步骤如图 2-14 所示。

2）学生模仿教师操作分解步骤进行制作，根据教学要求完成个人实训任务。

（a）将心里美萝卜直刀剞成花蕊

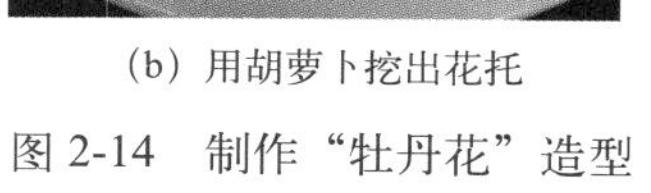

（b）用胡萝卜挖出花托

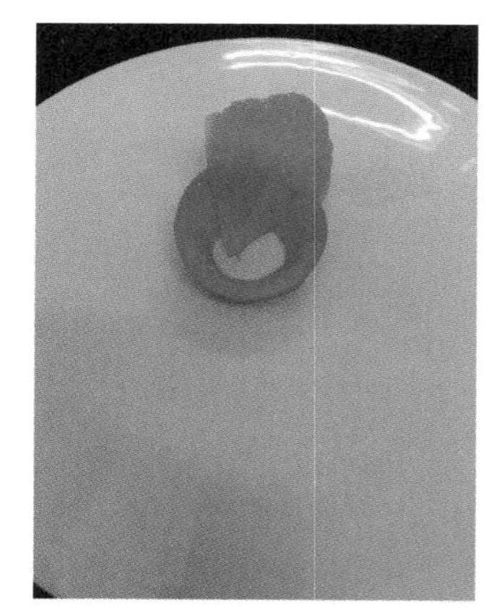

（c）将胡萝卜拉刀成片，拼出花瓣

图 2-14　制作“牡丹花”造型

(d) 将拼好的花瓣，层层叠起

(e) 放上刹好的花蕊

(f) 用青萝卜刻出叶子和枝干的形状

(g) 完成作品

图 2-14 （续）

任务评价

完成任务评价表（附表 1-1）。

任务作业

完成实训报告书（附录二）。

拉刀法 1

制作“牡丹花”造型

任务思考

1. 制作牡丹花花瓣层次时，拼几层为宜？
2. 拼制牡丹花花瓣的技巧是什么？

任务十五　制作“喇叭花”造型

任务目标

1. 了解喇叭花的构图及各种原料的加工制作方法。
2. 掌握制作喇叭花的工艺流程。
3. 掌握制作喇叭花的方法和操作的关键步骤。
4. 根据制作喇叭花的工艺要求，熟知类似造型冷拼的拼制方法。

任务分析

1. 所需原料

白萝卜、胡萝卜、黄瓜、红肠、蒜蓉肠、西兰花、蒜薹、果酱。

2. 制作工艺流程

白萝卜修料→拼摆花瓣→垫底→拼摆花和叶子→蒜蓉肠、胡萝卜、黄瓜、红肠修料→垫底→拼摆假山→点缀。

3. 制作工艺要求

1）将白萝卜修成水滴形，拉刀切片要薄（以约 0.1 厘米厚为宜），便于拼摆。
2）要把握好喇叭花的造型，注意花蕊的位置。
3）拼摆假山时，颜色、用料荤素搭配要合理。

任务实施

1）教师示范，操作分解步骤如图 2-15 所示。
2）学生模仿教师操作分解步骤进行制作，根据教学要求完成个人实训任务。

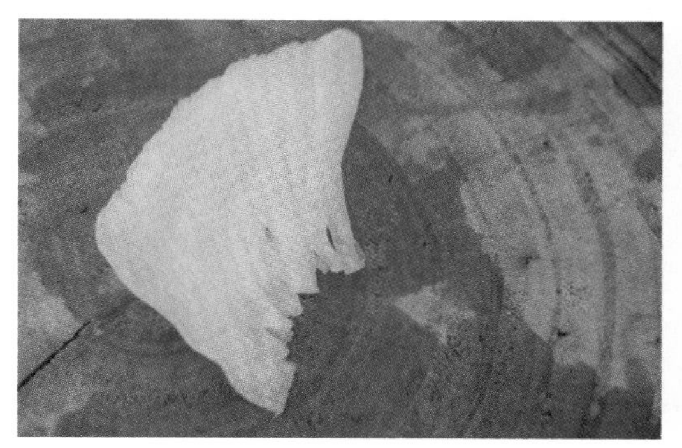

（a）将白萝卜修成水滴形，拉刀切片，拧出喇叭花的一面花瓣

（b）在胡萝卜修尖刻出花蕊，然后在上面垫一点用盐腌制过的白萝卜细丝

（c）同样的方法，将白萝卜拉刀切片拼出喇叭花的另外一面

（d）做出两朵同样的花

（e）将黄瓜切成薄片，摆成叶子的形状

（f）把花朵摆在相应位置，用蒜薹做花茎，将蒜蓉肠、胡萝卜、黄瓜、红肠切片，摆出假山的造型；将黄瓜摆成的叶子放在相应位置；用西兰花点缀

图 2-15　制作“喇叭花”造型

（g）用果酱题字，完成作品

图 2-15 （续）

任务评价

完成任务评价表（附表 1-1）。

任务作业

完成实训报告书（附录二）。

任务思考

制作“喇叭花”造型时，应采用什么刀法？

任务十六　制作“梅花盆景”造型

任务目标

1. 了解梅花盆景的构图及各种原料的加工制作方法。
2. 掌握制作梅花盆景的工艺流程。
3. 掌握制作梅花盆景的方法和操作的关键步骤。
4. 根据制作梅花盆景的工艺要求，熟知类似造型冷拼的拼制方法。

任务分析

1. 所需原料

白萝卜、方火腿、鸡蛋干、心里美萝卜、南瓜、青萝卜。

2. 制作工艺流程

切丝垫底→修盖面的料→拼摆→拼摆梅花→点缀。

3. 制作工艺要求

1）把握好盆景的造型，盖面火腿肠的切片要均匀。

2）梅花的大小要合适，不要太大。

3）整体构图要合理、大方。

任务实施

1）教师示范，操作分解步骤如图 2-16 所示。

2）学生模仿教师操作分解步骤进行制作，根据教学要求完成个人实训任务。

（a）将白萝卜切丝，做成梯形半圆状的坯

（b）将方火腿切长条拼摆在坯的上面

图 2-16　制作“梅花盆景”造型

（c）将方火腿一片叠一片摆放

（d）用鸡蛋干刻出树枝的形状

（e）用 U 形刀将心里美萝卜和南瓜刻成梅花的形状

（f）用南瓜制作盆景的底座

（g）分别用青萝卜和胡萝卜刻出花盆的上沿和下沿，用青萝卜刻出小草的形状装饰，完成作品

图 2-16 （续）

任务评价

完成任务评价表（附表 1-1）。

任务作业

完成实训报告书（附录二）。

任务思考

盆景里面还可以换成什么花？如何设计？

任务十七　制作“荷韵”造型

任务目标

1. 了解荷韵的构图及各种原料的加工制作方法。
2. 掌握制作荷韵的工艺流程。
3. 掌握制作荷韵的方法和操作的关键步骤。
4. 根据制作荷韵的工艺要求，熟知类似造型冷拼的拼制方法。

任务分析

1. 所需原料

心里美萝卜、胡萝卜、鸡蛋干、青萝卜、香肠、蒜薹、白萝卜、黄瓜、蕃茜。

2. 制作工艺流程

修荷叶坯→修荷叶料→拼摆荷叶→修假山料→假山垫底→修荷花花苞。

3. 制作工艺要求

1）突出荷叶的立体感，荷叶要修一个底座。
2）在切青萝卜时，刀工要细致，表面要细腻、清爽。
3）要正确掌握制作荷叶的手法。
4）假山部分的颜色搭配要有层次感。

任务实施

1）教师示范，操作分解步骤如图 2-17 所示。

2）学生模仿教师操作分解步骤进行制作，根据教学要求完成个人实训任务。

（a）用雕刻刀将白萝卜刻成荷叶的底座

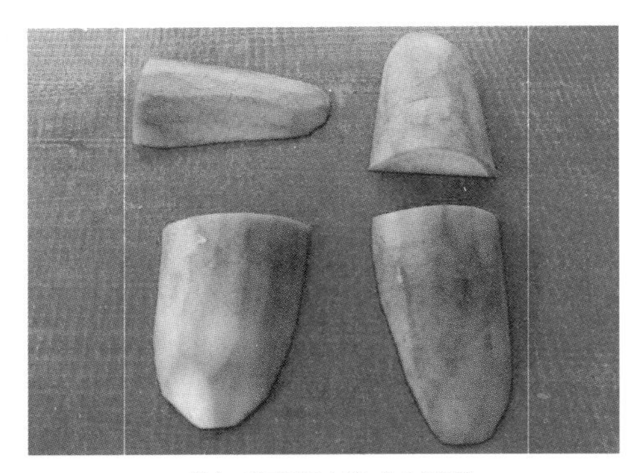

（b）将青萝卜修成水滴形

（c）用拉刀法将青萝卜切薄片

（d）将切好的薄片拼摆成荷叶的形状

（e）拼制好荷叶的形状

图 2-17　制作“荷韵”造型

(f) 用香肠、黄瓜、胡萝卜、鸡蛋干等切片拼制假山造型，用蕃茜点缀

(g) 将心里美萝卜修成花苞的形状，用蒜薹做花茎

(h) 用黄瓜刻出小草的形状加以点缀，完成作品

图 2-17 (续)

任务评价

完成任务评价表（附表 1-1）。

制作“荷韵”造型

任务作业

完成实训报告书（附录二）。

任务思考

荷叶拼摆的技巧在哪里？采用的是什么手法？

任务十八　制作“葡萄”造型

任务目标

1. 了解葡萄的构图及各种原料的加工制作方法。
2. 掌握制作葡萄的工艺流程。
3. 掌握制作葡萄的方法和操作的关键步骤。
4. 根据制作葡萄的工艺要求，熟知类似造型冷拼的拼制方法。

任务分析

1. 所需原料

黄瓜、胡萝卜、土豆泥、绿色车厘子、鱼蓉卷、红肠、酱牛肉、西兰花、果酱、青菜叶。

2. 制作工艺流程

捏坯→修叶子料→拼摆叶子→修假山料→假山垫底→拼摆假山→点缀。

3. 制作工艺要求

1）葡萄叶子的底座要雕刻到位，否则将影响叶子最后的呈现效果。
2）切胡萝卜时刀工要细致，用切好的胡萝卜片拼摆葡萄叶子时表面要细腻、清爽。
3）要把握色彩的处理和整体设计效果。
4）要正确掌握拼制叶子时的手法。
5）假山部分的颜色搭配要有层次感。

任务实施

1）教师示范，操作分解步骤如图 2-18 所示。
2）学生模仿教师操作分解步骤进行制作，根据教学要求完成个人实训任务。

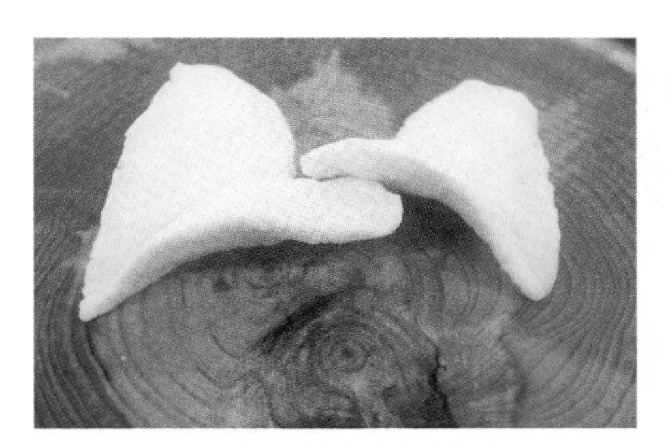

(a) 用土豆泥捏出叶子的坯

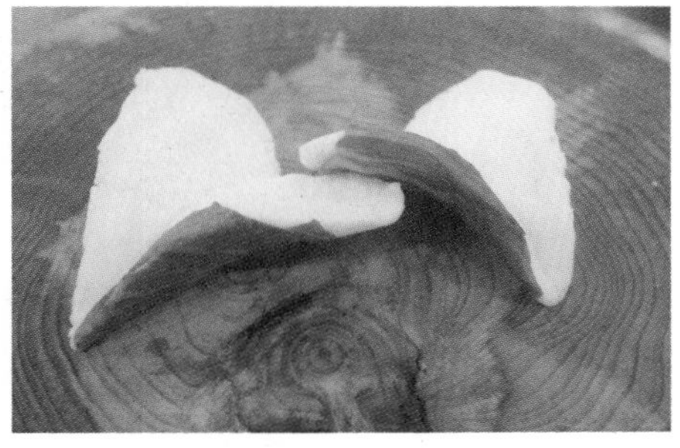

(b) 用青菜叶包住下面白色的部分

(c) 将胡萝卜修成宝剑的形状

(d) 将胡萝卜拉刀切片

(e) 拼出树叶的一边

(f) 拼出树叶的另一边（中间没有空隙）

(g) 采用同样的方法，用黄瓜做出另外一片叶子，两片叶子中间分别摆放用胡萝卜和黄瓜皮制作的长尖薄片

图 2-18　制作“葡萄”造型

（h）用鱼蓉卷、红肠、酱牛肉、黄瓜拼摆出假山部分，用绿色车厘子做葡萄，用西兰花和黄瓜刻出的叶子形状加以点缀；用果酱题字，完成作品

图 2-18 （续）

任务评价

完成任务评价表（附表 1-1）。

任务作业

完成实训报告书（附录二）。

任务思考

拼制葡萄叶子时应掌握哪些技巧？

任务十九　制作“螃蟹”造型

任务目标

1. 了解螃蟹的构图及各种原料的加工制作方法。
2. 掌握制作螃蟹的工艺流程。
3. 掌握制作螃蟹的方法和操作关键。
4. 根据制作螃蟹的工艺要求，熟知类似造型冷拼的拼制方法。

任务分析

1. 所需原料

皮蛋肠、鸡肉肠、红肠、方火腿、黄瓜、胡萝卜、蕃茜。

2. 制作工艺流程

修底部的料→拼摆底部→刻出螃蟹的形状→点缀。

3. 制作工艺要求

1）假山的颜色搭配要有层次感。
2）假山部分刀工处理要细致，每片原料的厚薄要一致。
3）拼摆螃蟹时要把握好各个部位的比例大小。

任务实施

1）教师示范，操作分解步骤如图 2-19 所示。
2）学生模仿教师操作分解步骤进行制作，根据教学要求完成个人实训任务。

（a）将鸡肉肠、方火腿、黄瓜切片，摆出假山部分

（b）用黄瓜刻出水草的形状，用胡萝卜刻出水泡点缀水纹；用蕃茜进行点缀

图 2-19　制作“螃蟹”造型

（c）用皮蛋肠刻出蟹脚的形状

（d）用皮蛋肠刻出蟹壳、眼睛的形状

（e）完成作品

图 2-19 （续）

任务评价

完成任务评价表（附表 1-1）。

任务作业

完成实训报告书（附录二）。

任务思考

如何切皮蛋肠可以保持其完整性？

任务二十 制作“海鱼”造型

任务目标

1. 了解海鱼的构图及各种原料的加工制作方法。
2. 掌握制作海鱼的工艺流程。
3. 掌握制作海鱼的方法和操作的关键步骤。
4. 根据制作海鱼的工艺要求，熟知类似造型冷拼的拼制方法。

任务分析

1. 所需原料

皮蛋肠、红肠、方火腿、鸡蛋肠、胡萝卜、鸡蛋干、黄瓜、白萝卜、土豆泥、蕃茜、果酱。

2. 制作工艺流程

打出鱼身坯→拼摆鱼尾、鱼鳍→拼摆鱼身、鱼头→拼摆假山、水草→点缀。

3. 制作工艺要求

1）注意鱼身坯的高度不宜超过 4 厘米。
2）鱼身的拼摆要层次分明；切鸡蛋肠时，刀法要一致。
3）制作假山时刀工要细致；假山要有一定的高低起伏感。

任务实施

1）教师示范，操作分解步骤如图 2-20 所示。
2）学生模仿教师操作分解步骤进行制作，根据教学要求完成个人实训任务。

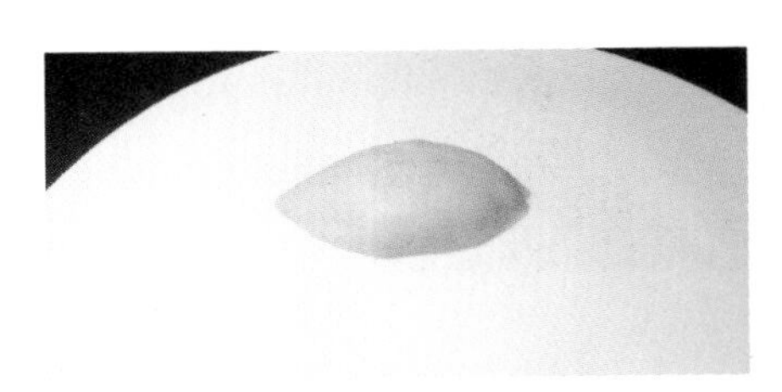
(a) 用土豆泥垫底

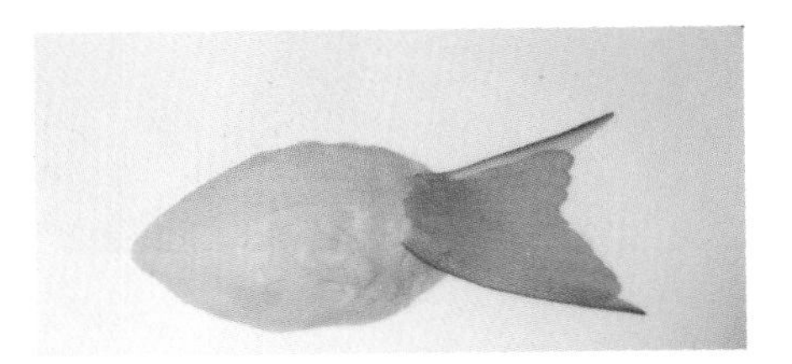
(b) 将胡萝卜修成长圆形，切片摆出鱼尾

图 2-20 制作“海鱼”造型

（c）将胡萝卜切片，摆出鱼鳍

（d）将鸡蛋肠斜切片，摆出鱼身

（e）将胡萝卜、皮蛋肠切片

（f）用胡萝卜切片，摆出鱼身

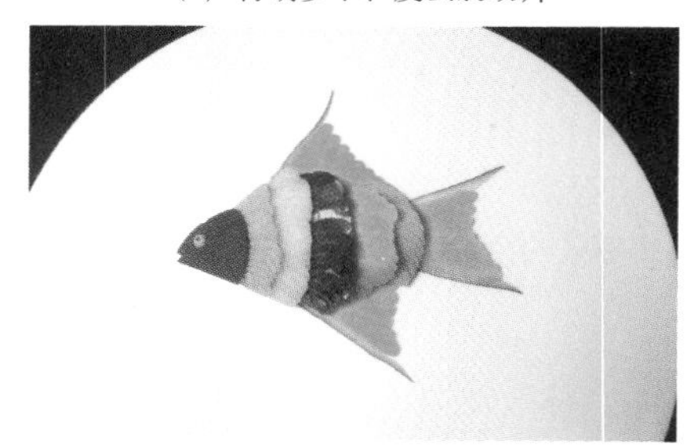

（g）用皮蛋肠刻出鱼头的形状

（h）用鸡蛋干、红肠、黄瓜、胡萝卜、方火腿切片摆出假山的形状；用黄瓜刻出水草的形状；用蕃茜点缀

（i）用果酱点缀，完成作品

图 2-20 （续）

任务评价

完成任务评价表（附表 1-1）。

任务作业

完成实训报告书（附录二）。

任务思考

可以采用什么形状的鳞片拼摆鱼鳞？

任务二十一　制作“竹笋”造型

任务目标

1. 了解竹笋的构图及各种原料的加工制作方法。
2. 掌握制作竹笋的工艺流程。
3. 掌握制作竹笋的方法和操作的关键步骤。
4. 根据制作竹笋的工艺要求，熟知类似造型冷拼的拼制方法。

任务分析

1. 所需原料

黄瓜、胡萝卜、南瓜、莴笋、芋头、土豆泥、白萝卜、西兰花。

2. 制作工艺流程

打坯→修盖面的原料→拼摆→点缀。

3. 制作工艺要求

1）笋、蘑菇的底座造型要形象，否则会影响拼摆的效果。

2）将各种原料修成长水滴形。

3）切盖面的原料时，刀工要细致、间距要相等。

4）各种原料的色彩搭配要合理。

5）拼摆笋时，要有一定的立体感。

任务实施

1）教师示范，操作分解步骤如图 2-21 所示。

2）学生模仿教师操作分解步骤进行制作，根据教学要求完成个人实训任务。

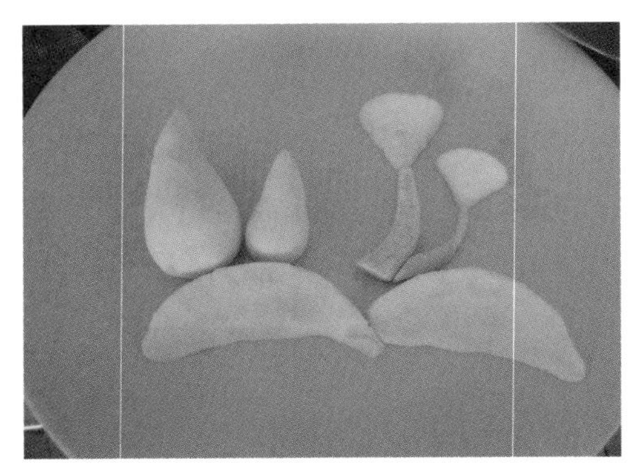

（a）用土豆泥捏出竹子、蘑菇的坯

（b）把各种原料修成水滴形

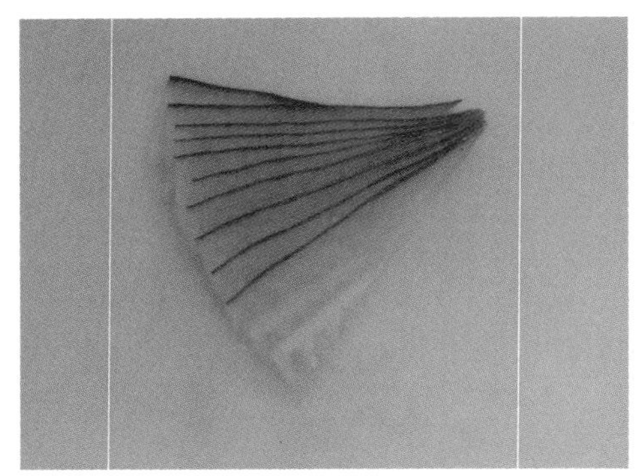

（c）把黄瓜切成薄片

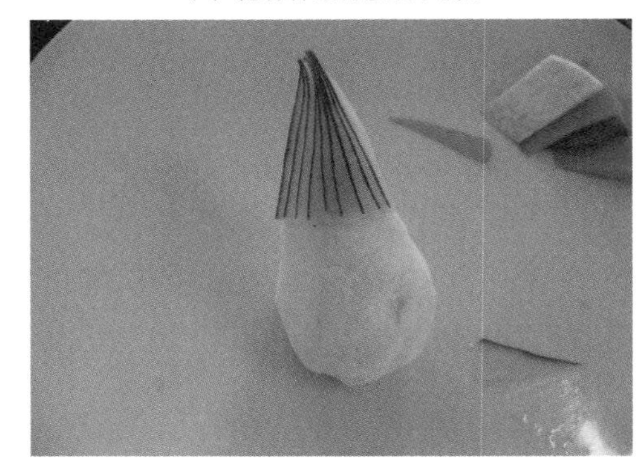

（d）用黄瓜摆出笋尖

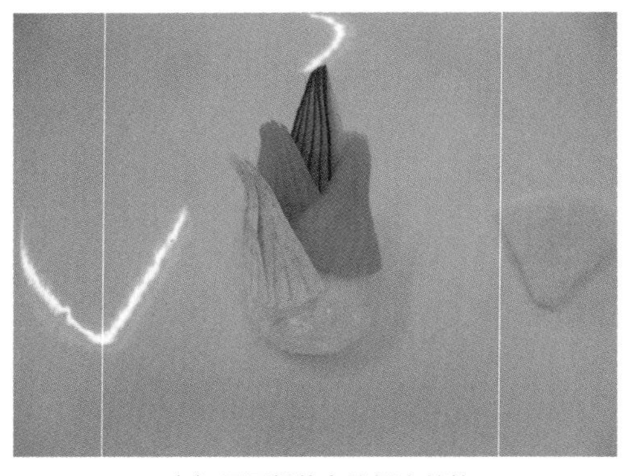

（e）用同样的方法摆出竹笋

（f）用白萝卜和芋头摆出蘑菇；将黄瓜、胡萝卜、莴笋、南瓜切片拼摆假山的造型；用西兰花点缀

图 2-21　制作“竹笋”造型

（g）用黄瓜刻出竹子的形状，用胡萝卜和白萝卜刻出太阳和云朵的形状，点缀，完成作品

图 2-21　（续）

任务评价

完成任务评价表（附表 1-1）。

任务作业

完成实训报告书（附录二）。

任务思考

如何采用冷拼方法来拼制竹子？

任务二十二　制作“寿桃”造型

任务目标

1. 了解寿桃的构图及各种原料的加工制作方法。
2. 掌握制作寿桃的工艺流程。
3. 掌握制作寿桃的方法和操作的关键步骤。
4. 根据制作寿桃的工艺要求，熟知类似造型冷拼的拼制方法。

任务分析

1. 所需原料

白萝卜、心里美萝卜、鸡肉肠、鸡蛋干、方火腿、青萝卜、黄瓜、糖醋汁、蕃茜。

2. 制作工艺流程

修料→刻寿桃的坯→拼摆寿桃盖面→刻树枝→拼摆假山造型。

3. 制作工艺要求

1）白萝卜片要修成两头尖、中间厚的效果。

2）雕刻桃坯时，要雕刻到位，形成头部尖、中间宽的效果。

3）切白萝卜片时要用拉刀法，要保持切片的完整性。

4）切制假山的原料时，刀工要细致。

任务实施

1）教师示范，操作分解步骤如图 2-22 所示。

2）学生模仿教师操作分解步骤进行制作，根据教学要求完成个人实训任务。

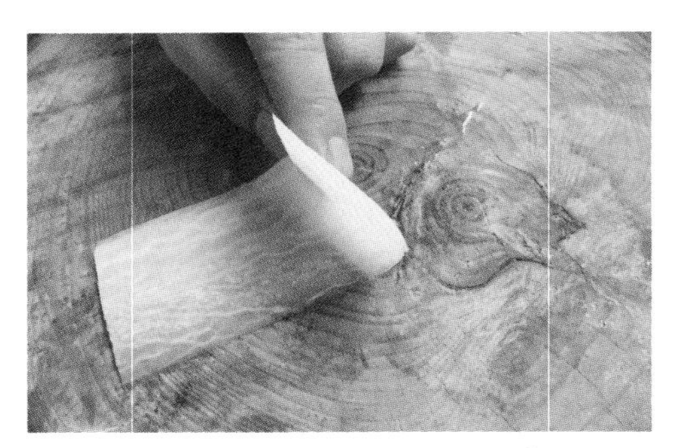

（a）将白萝卜修成厚约 0.2 厘米的薄片

（b）用心里美萝卜刻出桃坯

（c）将刻好的桃坯放入糖醋汁中浸泡，使其颜色红润

（d）将修好的白萝卜片用拉刀法拉出薄片

图 2-22　制作“寿桃”造型

(e) 将拉好的薄片拼摆在桃坯上面

(f) 将黄瓜、鸡肉肠、青萝卜、方火腿切片，拼摆假山的造型

(g) 用鸡蛋干刻出树干的形状，用青萝卜刻出叶子的形状，用蕃茜点缀，完成作品

图 2-22 （续）

任务评价

完成任务评价表（附表 1-1）。

任务作业

完成实训报告书（附录二）。

制作“寿桃”造型

任务思考

1. 拼摆寿桃的技巧有哪些？
2. 拼摆寿桃适合什么类型的宴席？

任务二十三　制作“白鹤”造型

任务目标

1. 了解白鹤的构图及各种原料的加工制作方法。
2. 掌握制作白鹤的工艺流程。
3. 掌握制作白鹤的方法和操作的关键步骤。
4. 根据制作白鹤的工艺要求，熟知类似造型冷拼的拼制方法。

任务分析

1. 所需原料

白萝卜、鸡蛋干、胡萝卜、蒜薹、红肠、西兰花、蒜蓉肠、青萝卜。

2. 制作工艺流程

切丝打坯→修鹤身的料→拼摆鹤→雕刻鹤的头和脚→拼摆假山。

3. 制作工艺要求

1）鹤坯要打得到位，形成脖子、头部上翘的效果，富有立体感。
2）盖面的原料修成两头尖、中间稍厚的小薄片。
3）头、脚要雕刻得逼真。
4）假山部分荤素搭配要合理。
5）整个鹤的造型构图设计要拼摆活跃，呈现动态美的效果。

任务实施

1）教师示范，操作分解步骤如图 2-23 所示。
2）学生模仿教师操作分解步骤进行制作，根据教学要求完成个人实训任务。

（a）将白萝卜切成细丝

（b）将切好的萝卜丝打成鹤坯

（c）用胡萝卜刻出鹤腿

（d）将鸡蛋干修成水滴形，切片摆出鹤尾

（e）将白萝卜修成两头尖的片

（f）将修好的片拉成薄片，拼摆鹤的羽毛

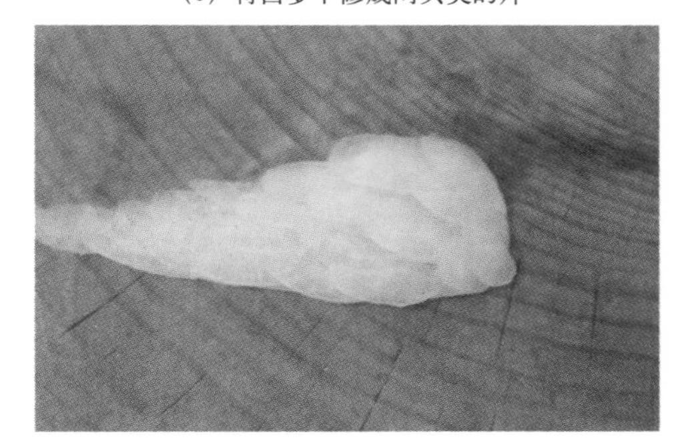

（g）将白萝卜修成小的圆筒形

（h）直切摆出翅膀小羽毛，斜切摆出大羽毛

图 2-23　制作“白鹤”造型

（i）用白萝卜刻出鹤头

（j）将红肠、胡萝卜、蒜蓉肠、青萝卜切薄片，摆出假山造型；用黄瓜刻出叶子的形状；用西兰花点缀

（k）蒜薹剞刀装饰；用胡萝卜和白萝卜制作太阳和云朵，完成作品

图 2-23 （续）

任务评价

完成任务评价表（附表 1-1）。

制作“白鹤”造型

任务作业

完成实训报告书（附录二）。

任务思考

1. 如何拼摆张开翅膀的白鹤?

2. 拼摆白鹤适合什么类型的宴席?

任务二十四　制作“小鸟”造型

任务目标

1. 了解小鸟的构图设计及各种原料的加工制作方法。

2. 掌握制作小鸟的工艺流程。

3. 掌握制作小鸟的方法和操作关键。

4. 根据制作小鸟的工艺要求，熟知类似造型冷拼的拼制方法。

任务分析

1. 所需原料

酱牛肉、红肠、蒜蓉肠、白萝卜、胡萝卜、黄瓜、青萝卜、心里美萝卜、西兰花、蒜薹、巧克力果酱。

2. 制作工艺流程

切丝打坯→拼摆鸟尾→拼摆鸟身→拼摆翅膀→雕刻鸟的头和脚→拼摆假山。

3. 制作工艺要求

1）鸟坯要打得到位，根据设计要求，把握好鸟的动态。

2）拼摆鸟的羽毛时，要细致、刀工要精湛，形象逼真。

3）拼摆翅膀时，要把握羽毛的层次。

4）假山部分刀工的处理要细致。

5）整体构图要大方、整洁。

任务实施

1）教师示范，操作分解步骤如图 2-24 所示。

2）学生模仿教师操作分解步骤进行制作，根据教学要求完成个人实训任务。

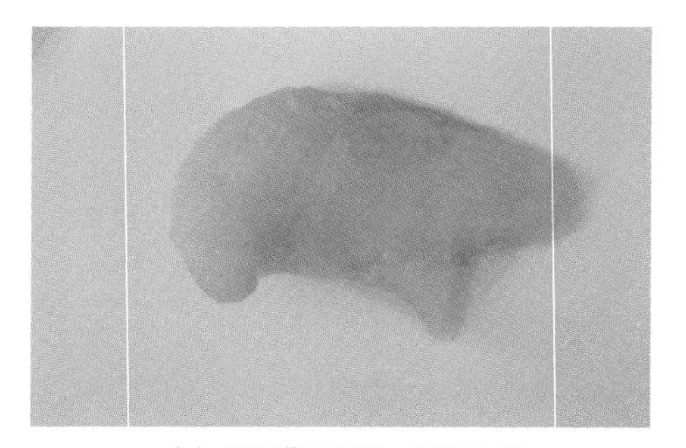

（a）将白萝卜切丝，打出鸟坯

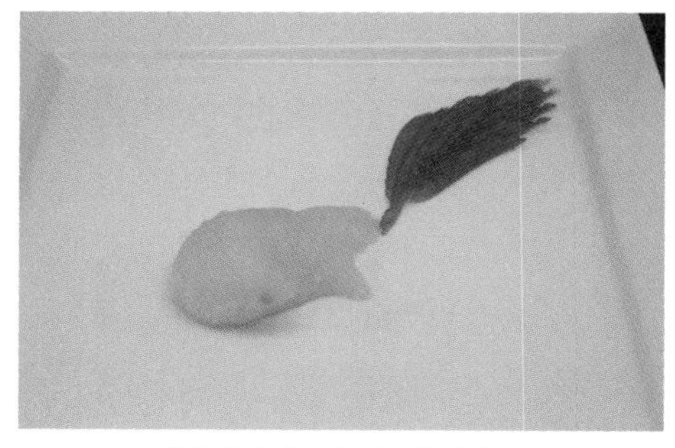

（b）将酱牛肉切片，拼出鸟尾

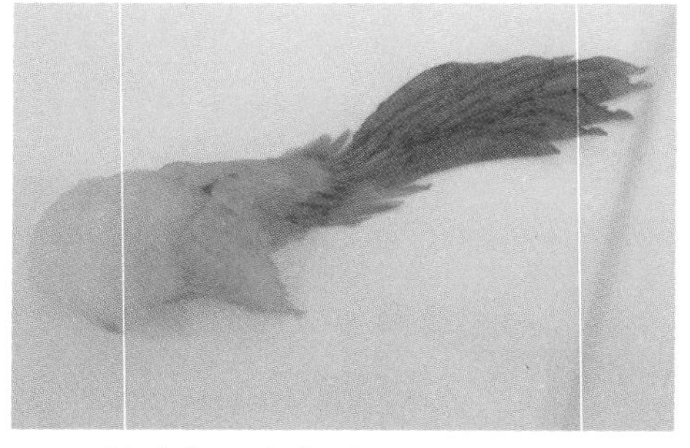

（c）将黄瓜、胡萝卜拉刀切片，摆出鸟身

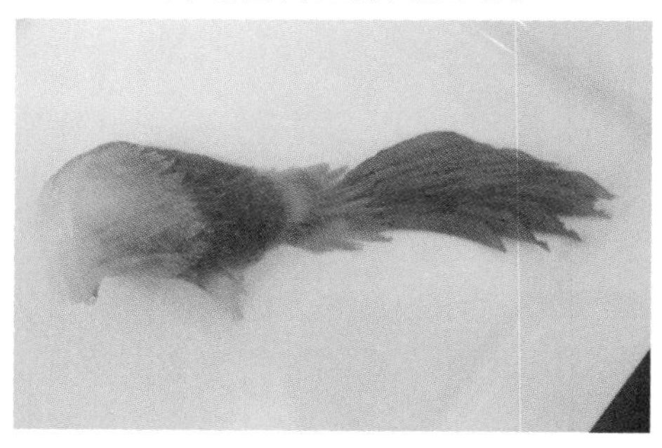

（d）将心里美萝卜、白萝卜拉刀切片，摆出鸟的脖子

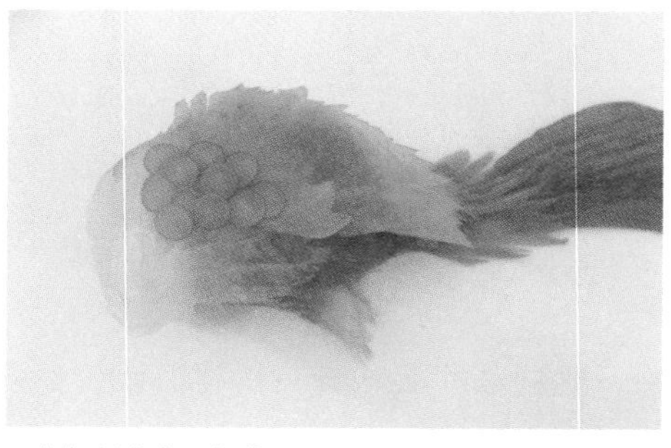

（e）用蒜薹、胡萝卜、心里美萝卜拼出鸟的翅膀

（f）用胡萝卜刻出鸟的头，用巧克力果酱点缀眼睛

（g）用胡萝卜刻出鸟的脚

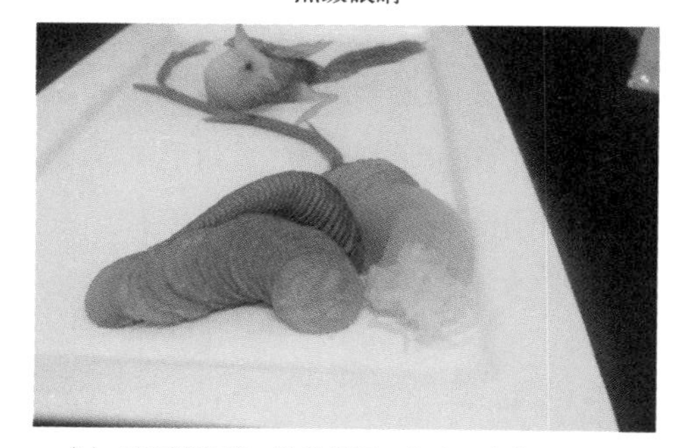

（h）用蒜薹做茎；将蒜蓉肠、黄瓜、青萝卜切片，摆出假山造型

图 2-24　制作“小鸟”造型

(i) 将蒜蓉肠、胡萝卜切片，摆出剩余假山造型；用黄瓜皮刻出小草的形状，用西兰花点缀，完成作品

图 2-24 （续）

任务评价

完成任务评价表（附表 1-1）。

拉刀法 2

任务作业

完成实训报告书（附录二）。

任务思考

画出小鸟不同动态造型的图片。

任务二十五　制作“蝴蝶”造型

任务目标

1. 了解蝴蝶的构图设计及各种原料的加工制作方法。
2. 掌握制作蝴蝶的工艺流程。
3. 掌握制作蝴蝶的方法和操作的关键步骤。
4. 根据制作蝴蝶的工艺要求，熟知类似造型冷拼的拼制方法。

任务分析

1. 所需原料

红肠、蒜蓉肠、胡萝卜、黄瓜、鸡蛋干、心里美萝卜。

2. 制作工艺流程

切原料→拼摆蝴蝶翅膀→拼摆蝴蝶身体→拼摆花朵。

3. 制作工艺要求

1）切片厚薄要均匀。

2）要把握好原料颜色的搭配。

3）拼摆翅膀时，要把握好层次感。

任务实施

1）教师示范，操作分解步骤如图 2-25 所示。

2）学生模仿教师操作分解步骤进行制作，根据教学要求完成个人实训任务。

（a）将蒜蓉肠切片

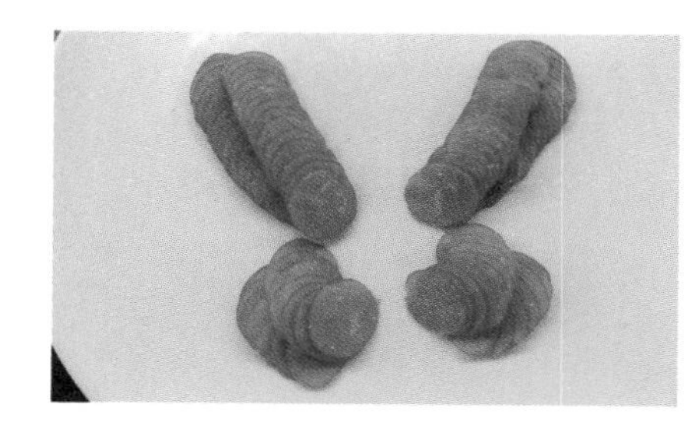

（b）将红肠切片

图 2-25　制作“蝴蝶”造型

（c）将黄瓜、胡萝卜切片，拼摆蝴蝶的翅膀

（d）将鸡蛋干切片，用于制作蝴蝶的身体

（e）用黄瓜制作蝴蝶的眼睛和触须

（f）用心里美萝卜薄片拼出花朵

（g）完成作品

图 2-25 （续）

任务评价

完成任务评价表（附表 1-1）。

任务作业

完成实训报告书（附录二）。

任务思考

如何拼摆侧面飞行的蝴蝶？

任务二十六 制作“芭蕉舞春”造型

任务目标

1. 了解芭蕉舞春的构图设计及各种原料的加工制作方法。
2. 掌握制作芭蕉舞春的工艺流程。
3. 掌握制作芭蕉舞春的方法和操作的关键步骤。
4. 根据制作芭蕉舞春的工艺要求，熟知类似造型冷拼的拼制方法。

任务分析

1. 所需原料

土豆泥、青萝卜、胡萝卜、黄瓜、红肠、鱼蓉卷、鸡蛋干、西兰花、果酱。

2. 制作工艺流程

修芭蕉叶盖面的料→垫底→拼摆芭蕉叶→修假山的原料→拼摆假山→点缀。

3. 制作工艺要求

1）芭蕉扇盖面的青萝卜要修成长水滴形。

2）芭蕉扇打坯，要有一定的弯曲度。

3）切盖面原料时应采用拉刀法，薄片厚薄要均匀。

4）假山造型的色彩搭配要合理、荤素搭配要恰当。

5）整个构图设计要合理、大方、美观（要有留白）。

任务实施

1）教师示范，操作分解步骤如图 2-26 所示。

2）学生模仿教师操作分解步骤进行制作，根据教学要求完成个人实训任务。

（a）将青萝卜修成水滴形

（b）用拉刀法拉出薄片

（c）用土豆泥捏出芭蕉扇的坯

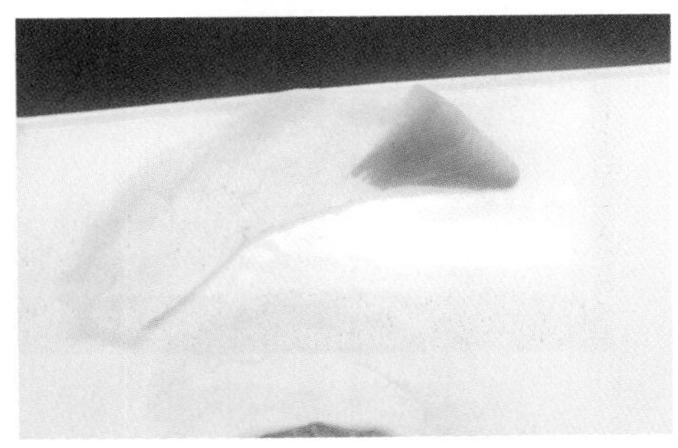

（d）将拉好的薄片，拼摆在芭蕉扇的坯上面

（e）拼摆出第 1 个芭蕉扇

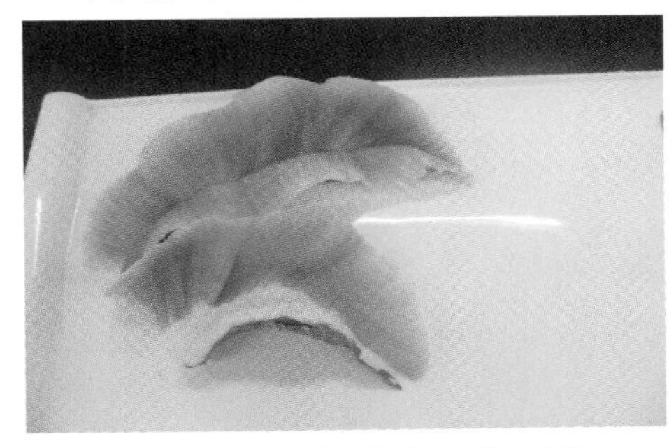

（f）用同样的方法拼摆出第 2 个芭蕉扇

（g）用黄瓜刻出芭蕉扇的柄

（h）将胡萝卜、黄瓜、鱼蓉卷、红肠切成薄片，拼摆出假山造型，用西兰花、鸡蛋干点缀

图 2-26　制作“芭蕉舞春”造型

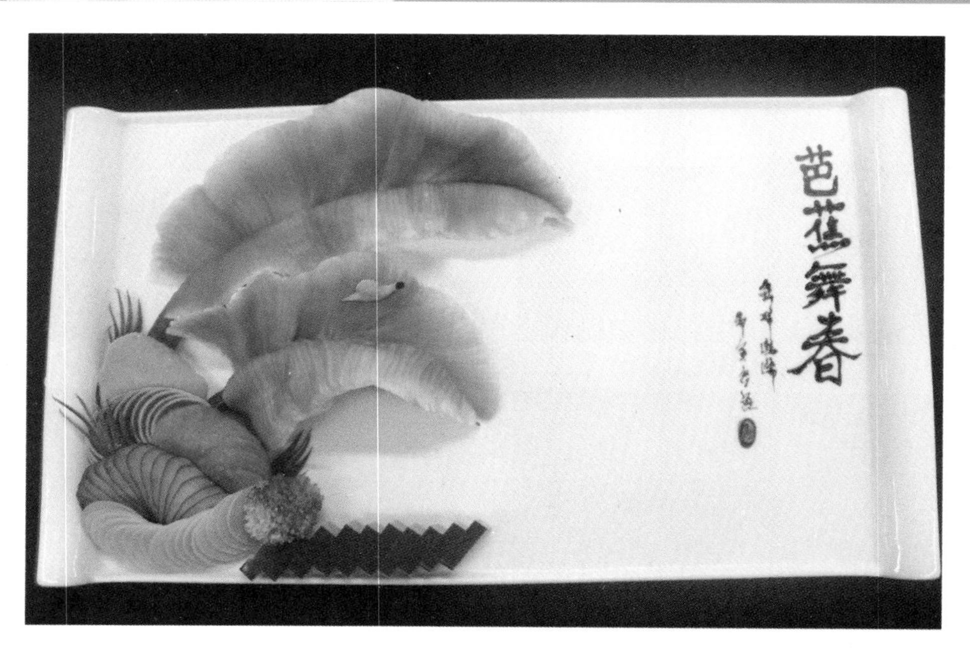

（i）用黄瓜皮刻成小草的形状，胡萝卜、鸡蛋干刻出蜗牛的形状，用果酱题字，完成作品

图 2-26 （续）

任务评价

完成任务评价表（附表 1-1）。

任务作业

完成实训报告书（附录二）。

任务思考

拼摆芭蕉扇的技巧是什么？

任务二十七　制作“雄鹰展翅”造型

任务目标

1. 了解雄鹰展翅的构图及各种原料的加工制作方法。
2. 掌握制作雄鹰展翅的工艺流程。

3. 掌握制作雄鹰展翅的方法和操作的关键步骤。

4. 根据制作雄鹰展翅的工艺要求，熟知类似造型冷拼的拼制方法。

任务分析

1. 所需原料

土豆泥、南瓜、胡萝卜、黄瓜、黑色琼脂糕、白色琼脂糕、方火腿、红肠、鱼蓉卷、西兰花。

2. 制作工艺流程

捏鹰坯→修料→拼摆鹰→刻出鹰的头和爪→修假山料→拼摆假山。

3. 制作工艺要求

1）鹰坯的造型要形象。

2）切南瓜时刀工要细致。

3）拼摆时，鹰的翅膀要完全张开，有翱翔的动态美。

4）把握好鹰头和鹰爪的雕刻。

5）假山造型的刀工要细致，拼摆要有层次感。

6）整体构图设计要合理，要展示雄鹰的姿态。

任务实施

1）教师示范，操作分解步骤如图 2-27 所示。

2）学生模仿教师操作分解步骤进行制作，根据教学要求完成个人实训任务。

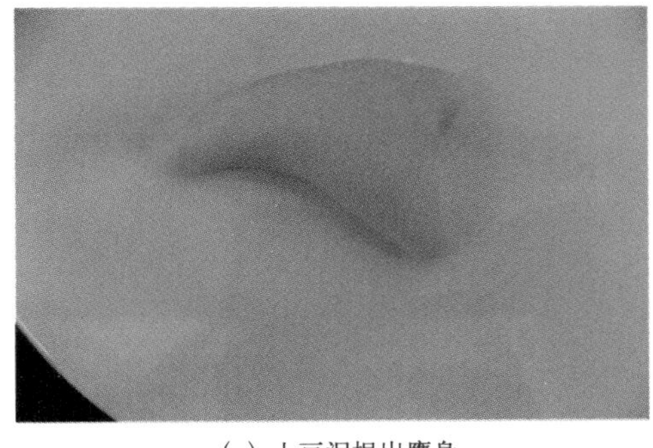

(a) 土豆泥捏出鹰身

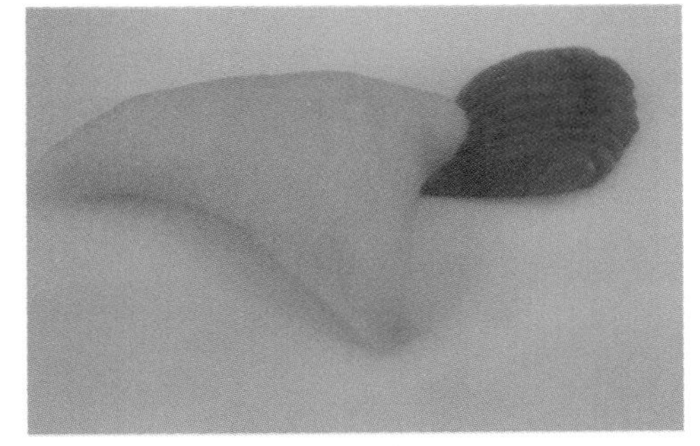

(b) 将方火腿修成水滴形，切片摆出鹰尾

图 2-27　制作“雄鹰展翅”造型

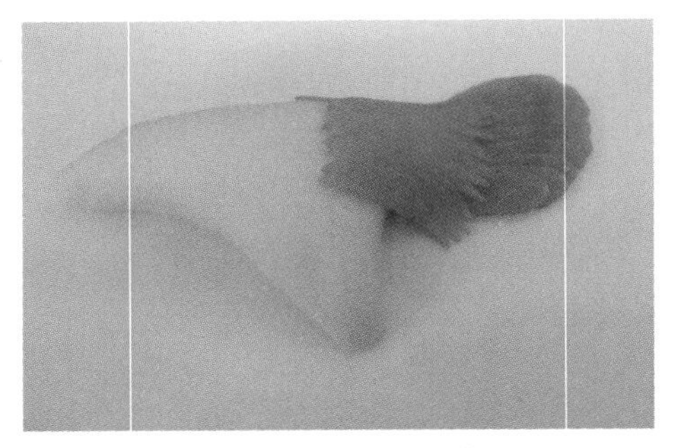

（c）将南瓜修成带尖的薄片

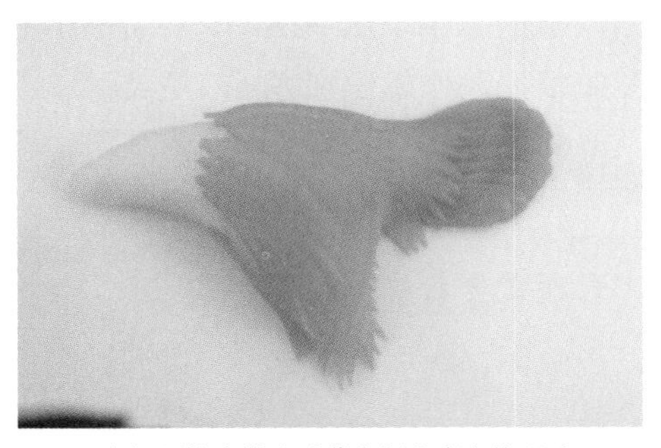

（d）用拉出的南瓜薄片摆出鹰身的羽毛

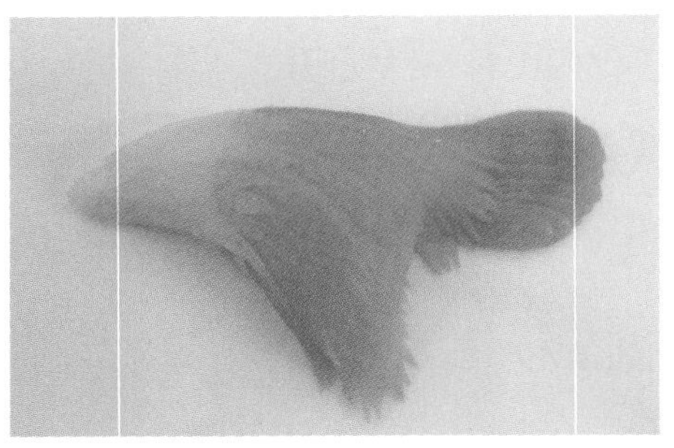

（e）将白萝卜修成带尖薄片，拼出脖子的羽毛

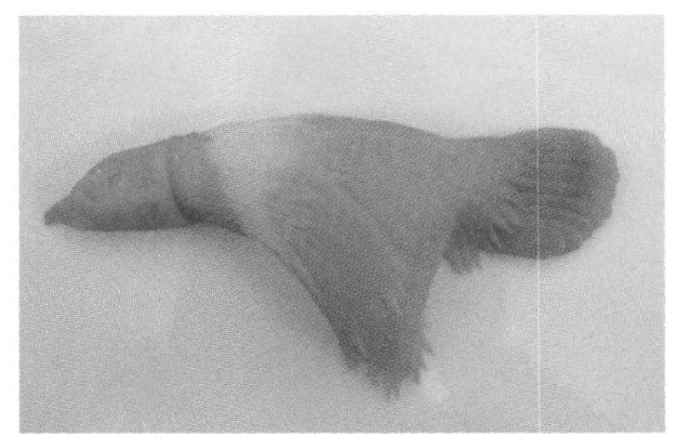

（f）用胡萝卜雕刻出鹰头

（g）用黑色琼脂糕拼出鹰的翅膀

（h）用白色琼脂糕、胡萝卜摆出翅膀的羽毛

（i）用黄瓜拼出羽毛的最后一部分；用同样的方法，摆出第 2 个翅膀的羽毛

（j）用胡萝卜刻出鹰爪

图 2-27 （续）

（k）将鱼蓉卷、黄瓜、红肠切薄片，拼摆出假山造型；用黄瓜刻出小草的形状，用西兰花点缀，完成作品

图 2-27 （续）

任务评价

完成任务评价表（附表 1-1）。

任务作业

完成实训报告书（附录二）。

任务思考

制作“雄鹰展翅”造型时，应该掌握哪些要点？

任务二十八　制作“年年有余”造型

任务目标

1. 了解年年有余的构图及各种原料的加工制作方法。
2. 掌握制作年年有余的工艺流程。

3. 掌握制作年年有余的方法和操作的关键步骤。

4. 根据制作年年有余的工艺要求，熟知类似造型冷拼的拼制方法。

任务分析

1. 所需原料

土豆泥、胡萝卜、南瓜、黄瓜、红肠、胡萝卜、西兰花、果酱。

2. 制作工艺流程

捏出鱼身坯→刻出鱼头、鱼鳍和鱼尾→修制鱼鳞的原料→拼摆鱼身→修底部的原料→拼摆底部和假山→刻出荷叶与荷花的形状加以点缀。

3. 制作工艺要求

1）制作鲤鱼的坯时要有一定的活度，呈现鲤鱼的动态感。

2）鱼鳞修半圆形，切薄片，拼摆要合理、有层次感。

3）把握好鱼尾、鱼鳍、鱼头的雕刻成形。

4）切制假山部分的原料时，刀工要细致。

5）作品整体构图设计要合理，要有动态美。

任务实施

1）教师示范，操作分解步骤如图 2-28 所示。

2）学生模仿教师操作分解步骤进行制作，根据教学要求完成个人实训任务。

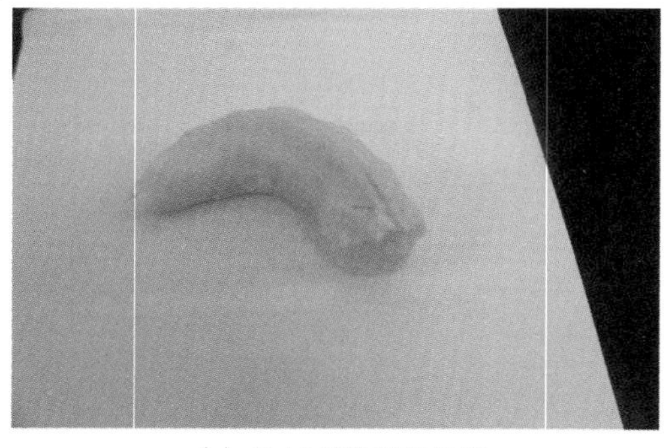

（a）用土豆泥捏出鱼身坯

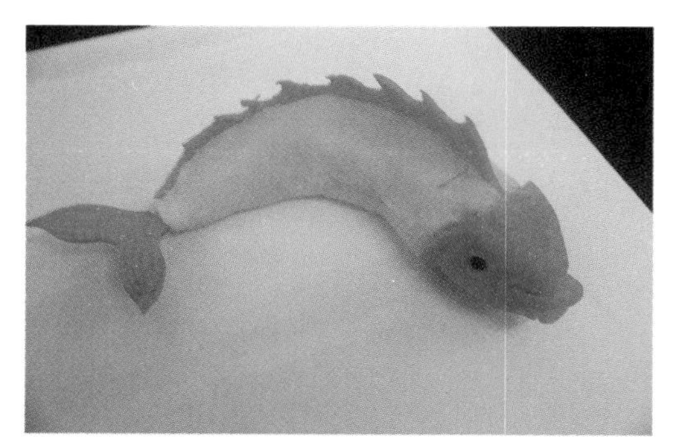

（b）用胡萝卜雕刻成鱼头、鱼鳍和鱼尾

图 2-28　制作“年年有余”造型

（c）将胡萝卜修成小半圆形的薄片，
放入清水中浸泡

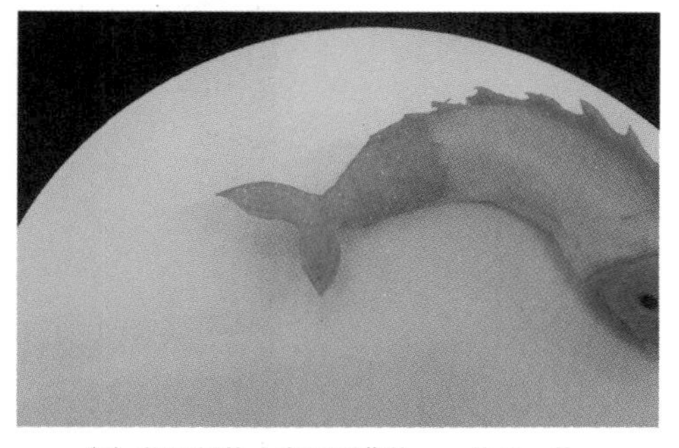

（d）将切好的小半圆形薄片，一片叠一片，
摆出鱼鳞

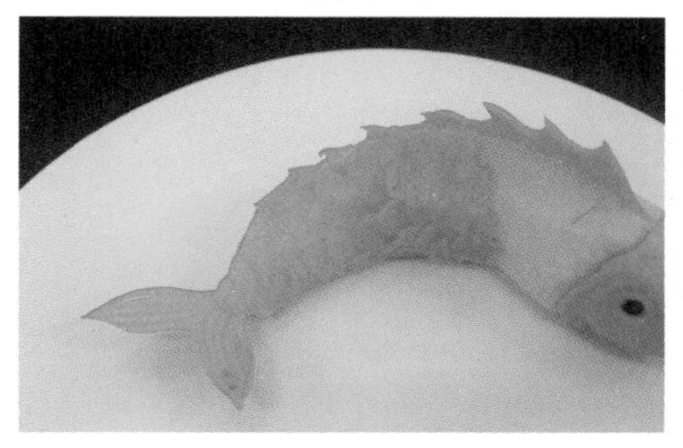

（e）用南瓜片拼摆鱼身中间

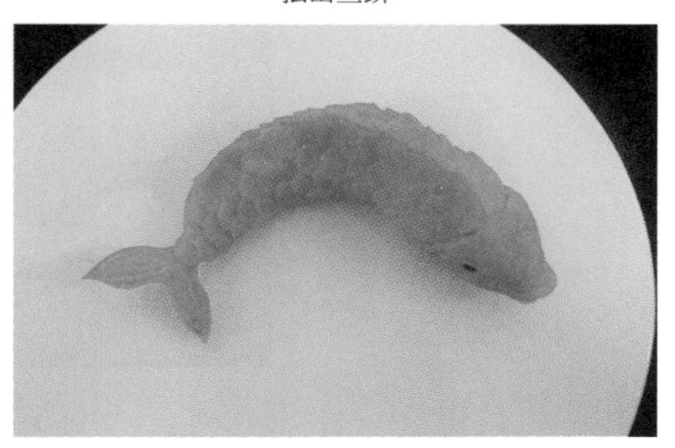

（f）用同样方法拼出鱼的侧面身体

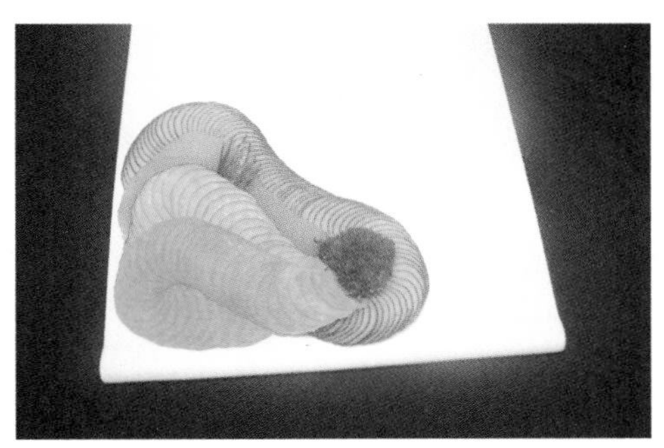

（g）用黄瓜、胡萝卜、红肠拼出假山，用黄瓜刻出小草的形状，
用西兰花点缀

（h）用黄瓜拼出荷花与荷叶的形状

图 2-28 （续）

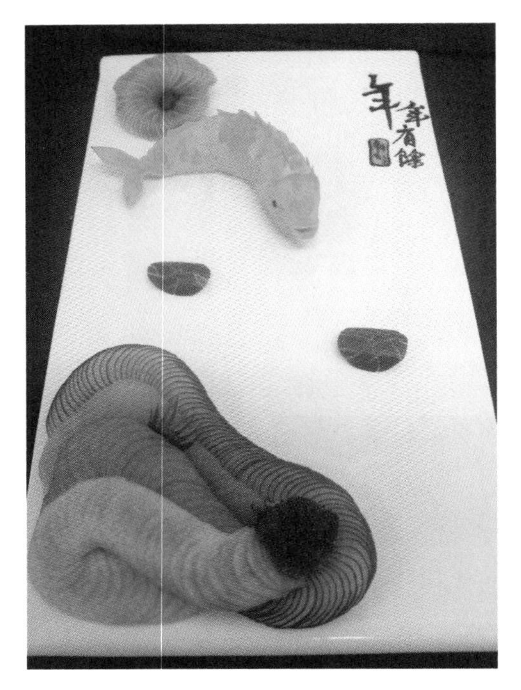

（i）用果酱题字，完成作品

图 2-28 （续）

任务评价

完成任务评价表（附表 1-1）。

任务作业

完成实训报告书（附录二）。

任务思考

制作“年年有余”造型时，应该掌握哪些要点？

任务二十九　制作“喜鹊舞梅”造型

任务目标

1. 了解喜鹊舞梅的构图及各种原料的加工制作方法。

2. 掌握制作喜鹊舞梅的工艺流程。

3. 掌握制作喜鹊舞梅的方法和操作的关键步骤。

4. 根据制作喜鹊舞梅的工艺要求，熟知类似造型冷拼的拼制方法。

任务分析

1. 所需原料

土豆泥、胡萝卜、南瓜、心里美萝卜、白萝卜、黑色琼脂糕、蒜薹、巧克力果酱。

2. 制作工艺流程

捏出喜鹊坯→修制喜鹊身的原料→拼摆喜鹊→刻出梅花的形状。

3. 制作工艺要求

1）捏喜鹊坯时，应把握好喜鹊身体的弯曲度。

2）尾巴要长，一般是喜鹊身的两倍长。

3）切制喜鹊羽毛的原材料时，刀工要细致。

4）作品构图设计是平面造型，但整体动态感要非常强烈。

5）用胡萝卜刻出梅花的形状加以点缀；梅花不要太大，要突出喜鹊。

任务实施

1）教师示范，操作分解步骤如图 2-29 所示。

2）学生模仿教师操作分解步骤进行制作，根据教学要求完成个人实训任务。

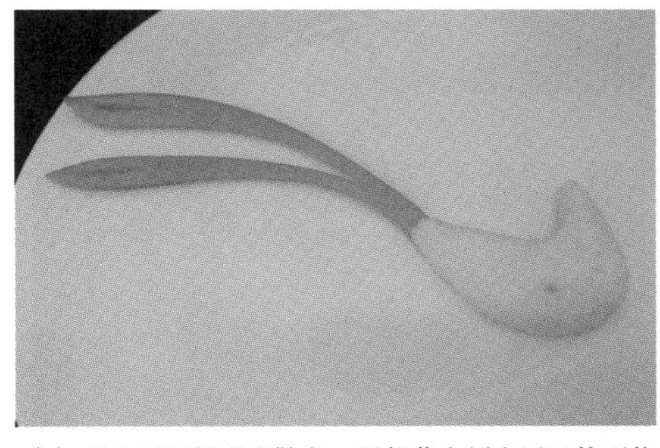

（a）用土豆泥捏出喜鹊身，用胡萝卜刻出尾巴的形状

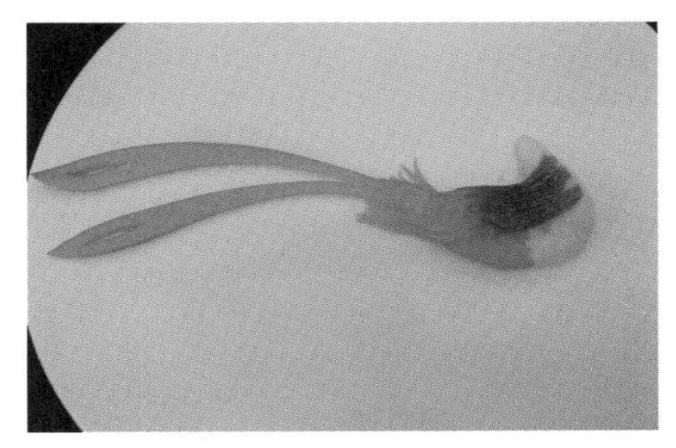

（b）将南瓜、胡萝卜、心里美萝卜切薄片，然后拉刀，用手拧开，拼出躯干的羽毛

图 2-29　制作“喜鹊舞梅”造型

（c）将白萝卜切薄片，然后拉刀，用手拧开，拼出脖子的羽毛

（d）将黑色琼脂和胡萝卜修成水滴形薄片，摆出翅膀的羽毛

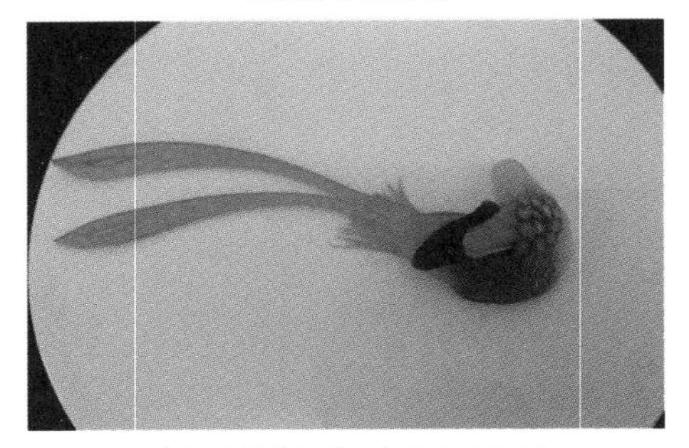

（e）将蒜薹切片，摆出翅膀羽毛

（f）用胡萝卜刻出喜鹊头

（g）用黑色琼脂点缀眼睛

（h）用黑色琼脂糕刻出树干的形状

（i）用胡萝卜刻出梅花的形状

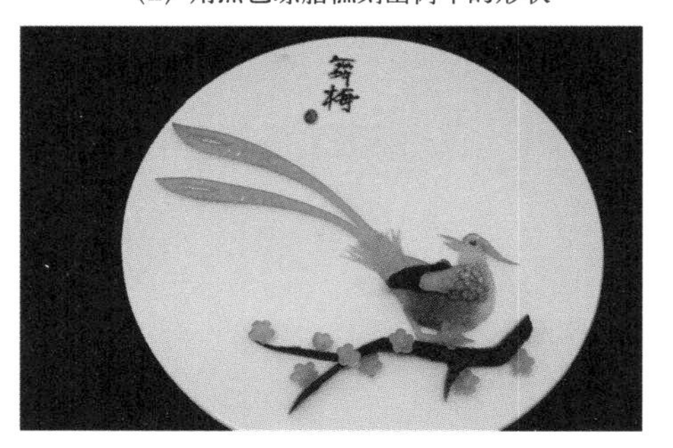

（j）用巧克力果酱题字

图 2-29 （续）

（k）完成作品

图 2-29 （续）

任务评价

完成任务评价表（附表 1-1）。

制作“喜鹊舞梅”造型

任务作业

完成实训报告书（附录二）。

任务思考

制作“喜鹊舞梅”造型时，应该掌握哪些要点？

任务三十　制作“金鸡报晓”造型

任务目标

1. 了解金鸡报晓的构图及各种原料的加工制作方法。
2. 掌握制作金鸡报晓的工艺流程。

3. 掌握制作金鸡报晓的方法和操作的关键步骤。

4. 根据制作金鸡报晓的工艺要求，熟知类似造型冷拼的拼制方法。

任务分析

1. 所需原料

白萝卜、胡萝卜、黄瓜、心里美萝卜、鸡肉肠、方火腿、红肠、南瓜、蕃茜。

2. 制作工艺流程

修假山料→拼摆假山→捏出金鸡坯→拼摆鸡身→点缀。

3. 制作工艺要求

1）捏鸡坯时，大小比例要恰当，要呈现出动态感。

2）鸡尾拼摆得要多一些，有一定的弯度。

3）切制鸡身的羽毛时，刀工要细致均匀。

4）头和脚雕刻的大小比例要与现实吻合，嘴部要张开得大一些。

5）假山造型要搭配合理，高低叠起。

6）作品整体构图设计要显示出金鸡的雄姿。

任务实施

1）教师示范，操作分解步骤如图 2-30 所示。

2）学生模仿教师操作分解步骤进行制作，根据教学要求完成个人实训任务。

（a）用黄瓜、胡萝卜、鸡肉肠、方火腿、红肠拼摆出假山部分，用黄瓜刻出小草的形状，用蕃茜点缀

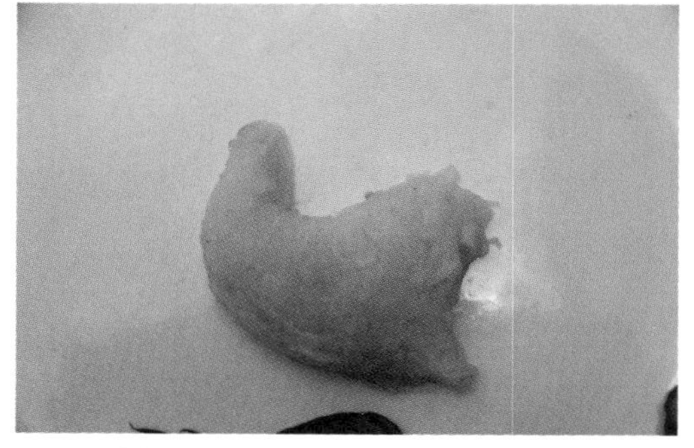

（b）将白萝卜切成细丝，腌制后捏出鸡身

图 2-30 制作“金鸡报晓”造型

（c）将黄瓜修成鸡尾

（d）将南瓜修薄片，然后拉刀，摆出尾部羽毛

（e）用心里美萝卜薄片、南瓜薄片、胡萝卜薄片拼出鸡身和脖子上羽毛

（f）用胡萝卜刻出鸡脚

（g）用胡萝卜薄片、心里美萝卜薄片、黄瓜皮拼摆翅膀；用胡萝卜刻出鸡头；用胡萝卜和白萝卜制作太阳和云朵；点缀，完成作品

图 2-30 （续）

任务评价

完成任务评价表（附表1-1）。

任务作业

完成实训报告书（附录二）。

任务思考

制作“金鸡报晓”造型时，应该掌握哪些要点？

任务三十一　制作“锦鸡寻食”造型

任务目标

1. 了解锦鸡寻食的构图及各种原料的加工制作方法。
2. 掌握制作锦鸡寻食的工艺流程。
3. 掌握制作锦鸡寻食的方法和操作的关键步骤。
4. 根据制作锦鸡寻食的工艺要求，熟知类似造型冷拼的拼制方法。

任务分析

1. 所需原料

黄瓜、心里美萝卜、白萝卜、胡萝卜、西兰花、鱼蓉卷、鸡肉卷、琼脂糕、红肠、沙拉酱、土豆泥、南瓜、黑色果酱、绿色果酱、红色果酱。

2. 制作工艺流程

捏出鸡坯→修料→拼摆→点缀。

3. 制作工艺要求

1）鸡坯要处理好，否则会影响最后的成品。

2）切制鸡羽毛的原料时，刀工要细致，尾巴要张开，富有动态感。

3）拼摆假山时荤素搭配要合理。

4）作品整体设计要富有动态美。

任务实施

1）教师示范，操作分解步骤如图 2-31 所示。

2）学生模仿教师操作分解步骤进行制作，根据教学要求完成个人实训任务。

（a）用土豆泥修出鸡坯

（b）用雕刻刀将自制的琼脂糕修成长短错落的尾巴

（c）在鸡身上涂上沙拉酱，将胡萝卜和黄瓜切成细长薄片，摆出鸡身后半部分羽毛

（d）将心里美萝卜、白萝卜，用拉刀法切成细小的薄片，拼出鸡身前半部分羽毛

（e）用琼脂糕、胡萝卜、南瓜拼出鸡的翅膀

（f）用胡萝卜刻出鸡的头和爪

图 2-31　制作“锦鸡寻食”造型

（g）用黄瓜、鱼蓉卷、红肠摆出假山

（h）用黄瓜刻出小草的形状，再加上西兰花进行装饰

（i）用黑色果酱、绿色果酱、红色果酱制作枝叶，用果酱题字完成作品

图 2-31 （续）

任务评价

完成任务评价表（附表 1-1）。

制作“锦鸡寻食”造型

任务作业

完成实训报告书（附录二）。

任务思考

制作“锦鸡寻食”造型时，应该掌握哪些要点？

任务三十二　制作“秋意图”造型

任务目标

1．了解蝴蝶和葡萄的构图设计及各种原料的加工制作。

2．掌握蝴蝶和葡萄制作的工艺流程。

3．掌握蝴蝶和葡萄制作的方法及操作关键。

4．能根据蝴蝶和葡萄作品制作工艺要求，熟知类似造型冷拼的拼制方法。

任务分析

1．所需原料

黄瓜、心里美萝卜、南瓜、西兰花、虾、香肠、胡萝卜。

2．制作工艺流程

蝴蝶制作→葡萄制作→假山制作→点缀。

3．制作工艺要求

1）制作蝴蝶时注意翅膀的比例。

2）注意葡萄拼摆的位置。

任务实施

1）教师示范，操作分解步骤如图 2-32 所示。

2）学生模仿教师操作分解步骤进行制作，根据教学要求完成个人实训任务。

（a）将原料修成水滴形状

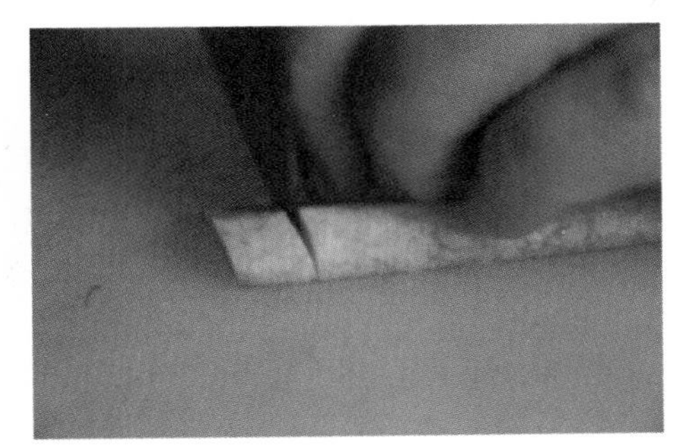

（b）采用拉刀法拉出薄片

图 2-32　制作“秋意图”造型

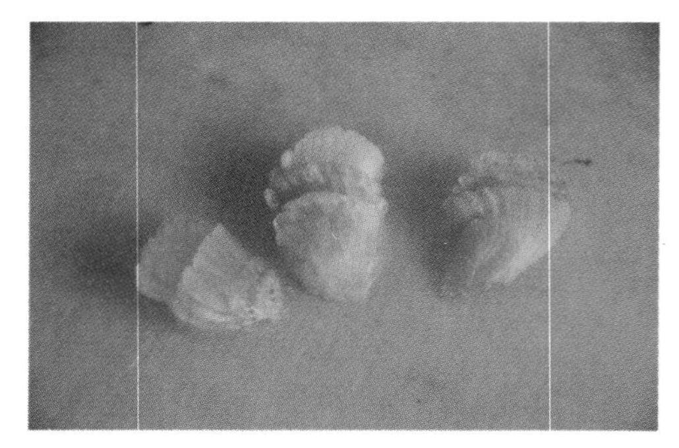

（c）拼摆出蝴蝶的翅膀

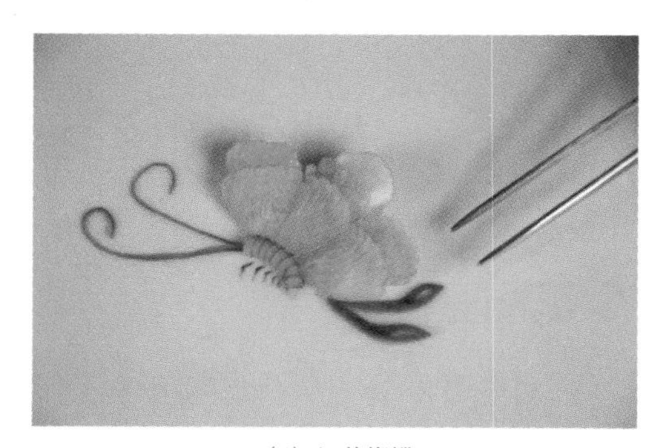

（d）组装蝴蝶

（e）用胡萝卜和心里美萝卜拼摆出葡萄造型

（f）摆出假山造型

（g）完成作品

图 2-32 （续）

任务评价

完成任务评价表（附表 1-1）。

制作“秋意图”造型

任务作业

完成实训报告书（附录二）。

任务思考

蝴蝶的动态变化应怎么拼摆？

任务三十三　制作“书香雅趣”造型

任务目标

1．了解“书香雅趣”造型的构图设计及各种原料的加工制作。

2．掌握“书香雅趣”造型制作的工艺流程。

3．掌握“书香雅趣”造型制作的方法和操作关键。

4．能根据“书香雅趣”的制作工艺要求，熟知类似造型冷拼的拼制方法。

任务分析

1．所需原料

黄瓜、心里美萝卜、白萝卜、方火腿、虾、鸡蛋干、香肠、胡萝卜、青萝卜、果酱。

2．制作工艺流程

屋檐制作→吊坠拼摆→扇子、书制作→点缀。

3．制作工艺要求

1）扇子制作注意片的厚薄和间距一致。

2）吊坠等装饰物要做得精致。

任务实施

1）教师示范，操作分解步骤如图 2-33 所示。

2）学生模仿教师操作分解步骤进行制作，根据教学要求完成个人实训任务。

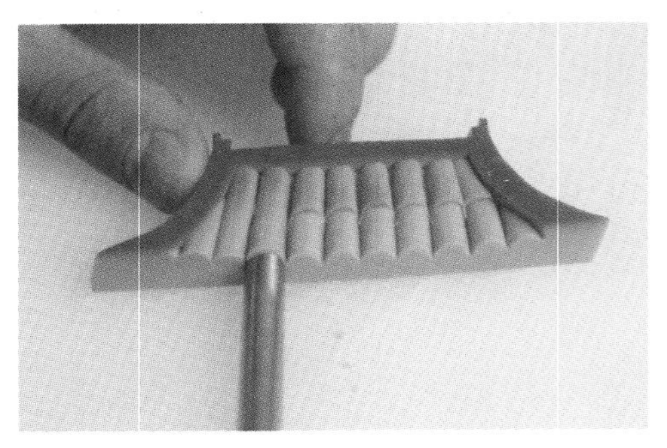

（a）用鸡蛋干刻出屋檐造型

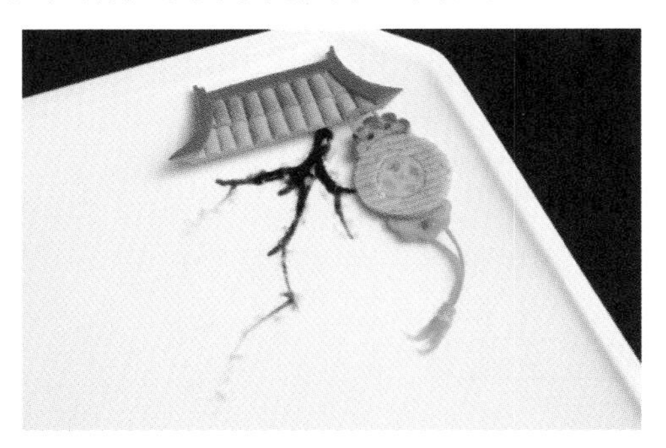

（b）用果酱画出梅花，拼出吊坠

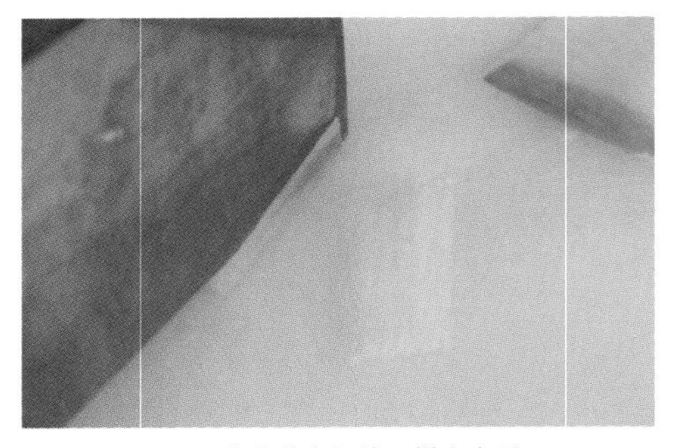

（c）将白萝卜切片，拼出扇子

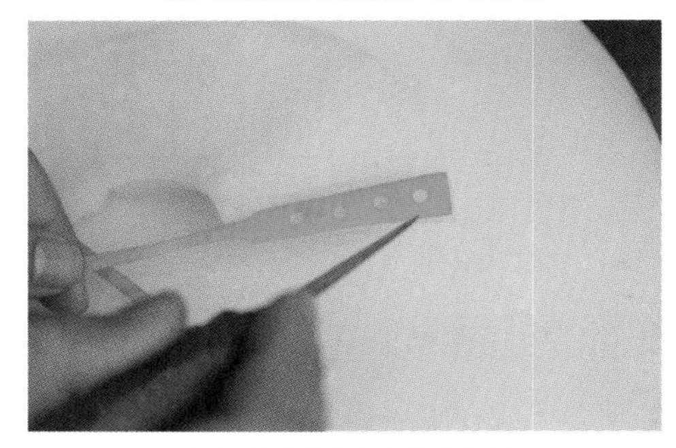

（d）用青萝卜刻出扇边造型

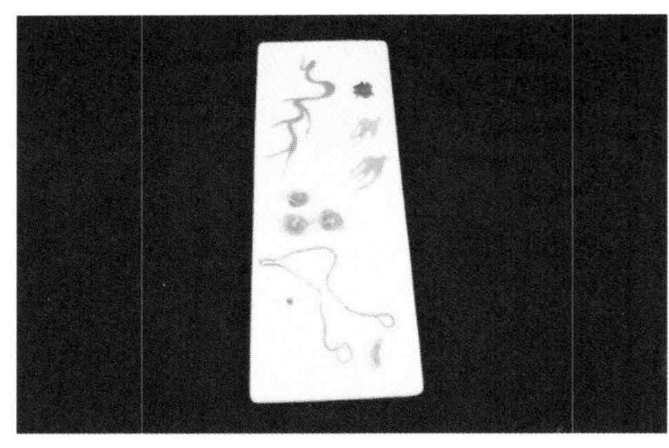

（e）准备好点缀物品

（f）在扇子上装饰

（g）用鸡蛋干切出书的造型

（h）摆出假山造型

图 2-33　制作“书香雅趣”造型

（i）点缀装饰，完成作品

图 2-33 （续）

任务评价

完成任务评价表（附表 1-1）。

任务作业

完成实训报告书（附录二）。

任务思考

扇子造型同哪些物件搭配比较好看？

任务三十四　制作“忆江南”造型

任务目标

1．了解“忆江南”造型的构图设计及各种原料的加工制作。

2．掌握“忆江南”造型制作的工艺流程。

3．掌握“忆江南”造型制作的方法和操作关键。

4．能根据“忆江南”造型的制作工艺要求，熟知类似造型冷拼的拼制方法。

任务分析

1．所需原料

黄瓜、琼脂糕、方火腿、青萝卜、虾、鸡蛋干、南瓜、胡萝卜、果酱。

2．制作工艺流程

小桥制作→船制作→荷叶制作→点缀。

3．制作工艺要求

1）桥面拼摆要均匀。

2）荷叶造型要有一定的立体感。

3）注意渔网的切法。

任务实施

1）教师示范，操作分解步骤如图 2-34 所示。

2）学生模仿教师操作分解步骤进行制作，根据教学要求完成个人实训任务。

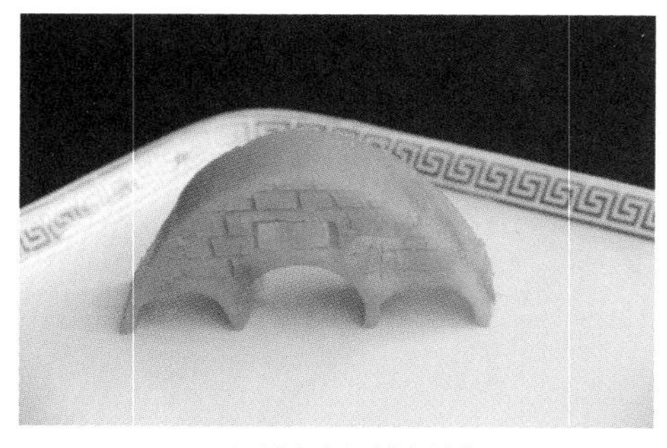

（a）用方火腿刻出桥身

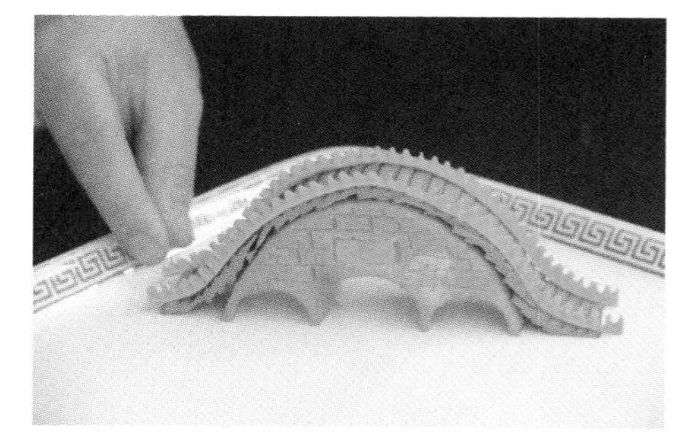

（b）将鸡蛋干切片，摆出桥面造型

图 2-34　制作“忆江南”造型

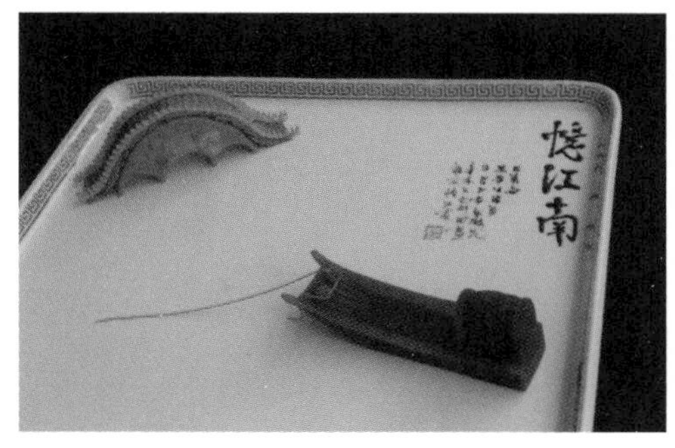

（c）用琼脂糕刻出小桥

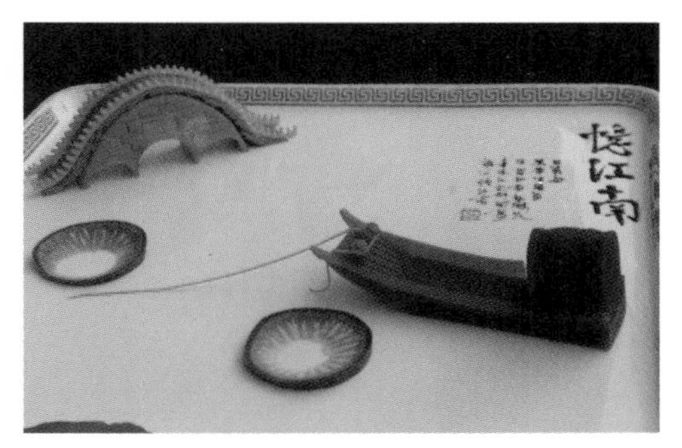

（d）用果酱题词，用青萝卜刻出荷叶

（e）将青萝卜切片，拼出荷叶造型

（f）摆出假山造型

（g）用渔网和小鱼点缀，完成作品

图 2-34　（续）

任务评价

完成任务评价表（附表 1-1）。

任务作业

完成实训报告书（附录二）。

制作“忆江南”中“小桥”造型

任务思考

类似主题冷拼造型图案还有哪些？

模块二

菜肴盘饰制作

项目三
菜肴盘饰基础知识

项目目标

认知目标

- 理解菜肴盘饰制作的概念。
- 了解菜肴盘饰制作的分类。
- 了解菜肴盘饰制作的原则与作用。

情感目标

- 增长学生的见识，激发学生对菜肴盘饰制作的兴趣。

任务　了解菜肴盘饰

任务知识

一、菜肴盘饰的概念

菜肴盘饰又称“围边”“镶边”“菜肴装饰”“菜点点缀”“盘头制作”等，是指将符合卫生条件的烹饪原料或者酱汁等加工处理成一定形状或者图案后，摆在器皿周边，对菜肴进行美化、修饰的一种技法。早期的菜肴盘饰技法比较简单，主要做法是在菜肴的旁边摆放一朵鲜花或者将萝卜雕刻成花，或者在菜肴的旁边摆上数片香菜叶、芹菜叶、黄瓜片等。如今，随着烹饪技能的不断发展和人们对饮食要求的不断提高，菜肴不但要美味可口，还要造型美观，对菜肴的装饰方面的要求也越来越高。

二、菜肴盘饰的分类

（一）按照装饰的空间分类

1. 平面式盘饰

平面式盘饰是指先将一些原料或者酱汁加工成一定形状或图案，再摆放在盘中呈某种平面造型图案。这种盘饰制作方法相对简单、制作速度快，而且原材料价格低廉，使用较广泛。

2. 立体式盘饰

立体式盘饰是指烹饪原料经加工处理后，放在盘子周边进行点缀，呈现出一种立体效果的点缀方法。这种盘饰造型别致大方、视觉效果强、款式较多，有助于提高菜肴的品位，但制作速度慢，对制作者的技术功底要求较高。

（二）按照盘饰制作的原料分类

1. 果酱画盘饰

果酱画盘饰是指利用各种果酱和酱汁瓶在盘子上面甩出抽象线条或者画出一定图案的盘饰技法。

（1）常用的原料

果酱画盘饰常用的原料主要是不同口味的果酱（图 3-1），如巧克力味果酱、蓝莓味果酱、哈密瓜味果酱、草莓味果酱、芒果味果酱等。

果酱介绍

图 3-1　不同口味的果酱

（2）常用的工具

1）果酱瓶。果酱瓶是果酱画盘饰最常用的工具之一，每个瓶子配备不同大小口径的嘴，能够画出不同粗细的线条，使用非常方便（图 3-2）。

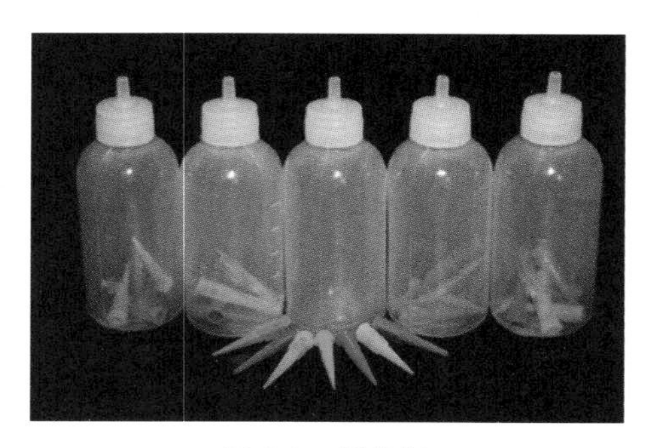

图 3-2　果酱瓶

2）裱花袋。裱花袋的材质有布和塑料之分（图 3-3），在制作过程中，制作者一般使用塑料裱花袋。使用方法：将果酱装入裱花袋中，在最前端剪个小口即可使用。

（a）塑料裱花袋

（b）布裱花袋

图 3-3　裱花袋

（3）制作过程要求

1）根据菜肴特点来设计造型。

2）操作过程中要注意卫生。

3）注意盘饰造型的美观性。

（4）成品特点

1）成品造型美观、大方，色彩搭配合理，富有艺术感。

2）成品富有国画的美感和意境感。

2. 蔬果盘饰

蔬果盘饰是指采用不同的刀法将可食用的蔬菜、水果切出各种形状，在盘子上摆出各种造型的盘饰技法。

（1）常用原料的选择

用于制作蔬果造型的蔬果品种较多，制作者可选择的范围非常广泛。蔬果造型的色彩非常丰富，制作成本也不高。一般蔬果作为盘饰造型制作的品种有黄瓜、白萝卜、心里美萝卜、胡萝卜、辣椒、洋葱、圣女果、苹果、西瓜、橙子、火龙果、猕猴桃、葡萄等。

（2）常用的工具

蔬果造型盘饰常用的工具有菜刀、雕刻刀、镊子、戳刀、造型模具等。

（3）制作过程要求

1）根据菜肴特点来设计造型。

2）操作过程中要注意卫生。

3）注意盘饰造型的美观性。

（4）成品特点

成品造型美观、大方，色彩搭配合理，富有艺术感。

3. 巧克力盘饰

巧克力盘饰是指以各种可食性的巧克力插件，结合果酱的抽象线条，在盘子上摆出一定的造型的盘饰技法。

（1）常用原料的选择

常用的巧克力插件如图 3-4 所示。

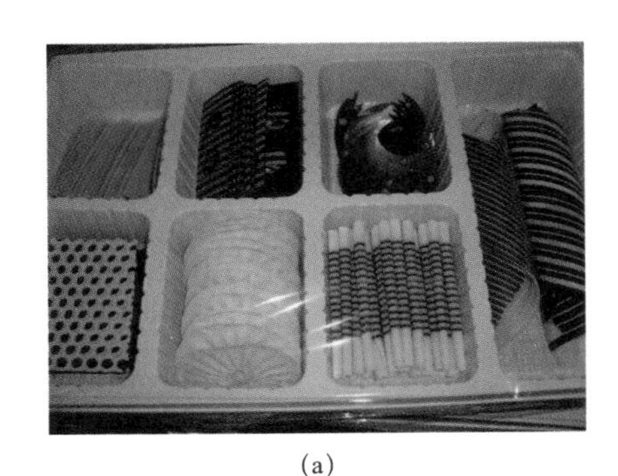

(a)

(b)

图 3-4　常用的巧克力插件

（2）常用的工具

菜刀、雕刻刀、镊子、戳刀等。

（3）制作过程要求

1）根据菜肴特点来设计造型。

2）注意操作过程卫生。

3）注意盘饰造型的美观性。

（4）成品特点

成品造型美观、大方，色彩搭配合理，富有艺术和立体感。

4. 奶油盘饰

奶油盘饰是指将奶油打发后，加入各种可食用的色素，装入裱花袋，利用抽象果酱线条和不同的裱花嘴，在盘子上摆出各种造型的盘饰技法。

（1）常用原料的选择

植物奶油如图 3-5 所示。

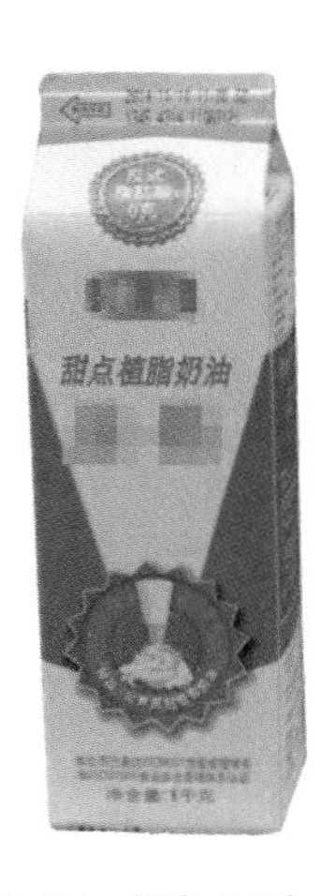

图 3-5　植物奶油

（2）常用的工具

奶油造型盘饰常用的工具有菜刀、雕刻刀、裱花袋、裱花嘴、镊子、戳刀、造型模具等。

（3）制作过程要求

1）根据菜肴特点来设计造型。

2）操作过程中注意卫生。

3）注意盘饰造型的美观性。

（4）成品特点

成品造型美观、大方，色彩搭配合理，富有艺术感。

5. 鲜花盘饰

鲜花盘饰是指将各种小型的鲜花、叶茎与抽线的果酱线条相结合的一种盘饰技法。可选用的花草有小野菊、蝴蝶兰、玫瑰花、康乃馨、夜来香、跳舞草、天冬门、巴西叶、蓬莱松、散尾葵等。

6. 面塑盘饰

面塑盘饰是指将烫好的澄面，加入不同颜色的可食色素，利用各种工具和手法制作出不同图案造型的盘饰技法。

7. 糖艺盘饰

糖艺盘饰是指将艾素糖放在容器中加热至160℃，根据需求加入不同颜色可食用的色素，采用一定的工艺手法或者借助磨具，制作成各种造型来进行盘饰的一种方法。

三、菜肴盘饰的作用

归纳起来，菜肴盘饰有以下5个方面的作用：

1）美化菜肴，增进客人食欲。

2）提高菜肴的整体品位。

3）强调菜肴重点，使重点菜肴更加突出。

4）增加就餐情趣，渲染就餐氛围。

5）对菜肴的形状和色彩进行适当的弥补。

四、菜肴盘饰制作的原则

1）选用的烹饪原料必须是新鲜、卫生、无毒、可食用的材料。

2）根据菜肴的造型特征来选择盘饰类型。

3）刀工要精致，拼摆要美观。

4）原料的色彩搭配要和谐，对比度要适度。

5）盘饰制作要适度，不要喧宾夺主。

任务思考

1. 简述菜肴盘饰制作的概念。

2. 简述菜肴盘饰制作的原则。

3. 简述菜肴盘饰制作的分类。

项目四
果酱画造型盘饰制作实训

项目目标

技能目标

- 认识和了解果酱画工具。
- 识别果酱画各种颜色。
- 掌握果酱画各种手法和画法。
- 能够独立制作果酱画盘饰作品。

情感目标

- 增长学生的见识，激发学生对果酱画盘饰制作的兴趣。
- 培养学生的团队合作精神，培养学生良好的职业素养。

任务一　制作果酱线条造型（1）

任务准备

1）原料：红色果酱、绿色果酱、黑色果酱。

2）器皿：白色圆碟。

任务实施

1）教师示范，操作分解步骤如图 4-1 所示。

2）学生模仿教师操作分解步骤进行制作，根据教学要求完成个人实训任务。

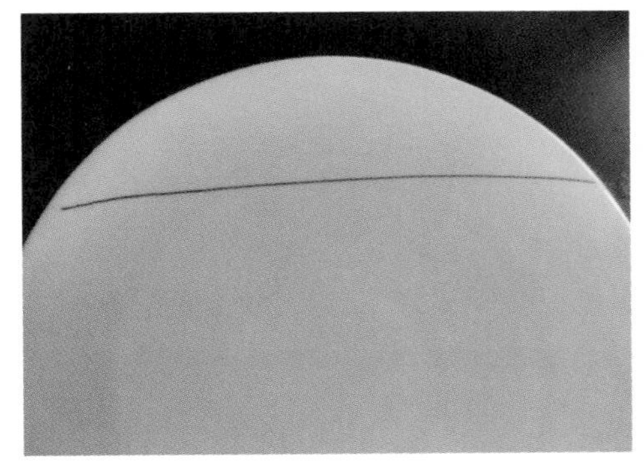

（a）用黑色果酱画出一条直线

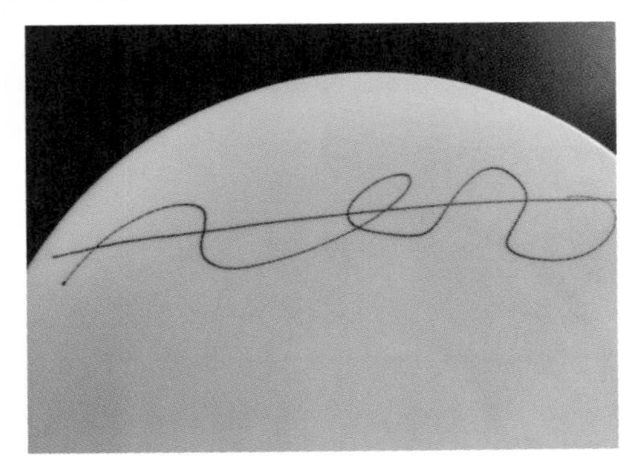

（b）在直线上画出曲线

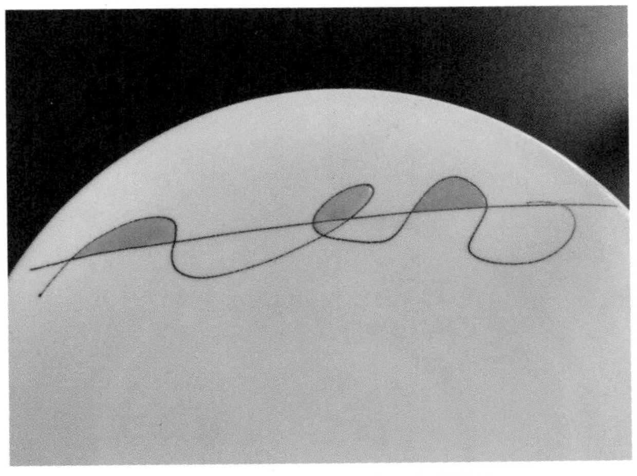

（c）用彩色果酱来填充颜色，完成作品

图 4-1　制作果酱线条造型（1）

任务评价

完成任务评价表（附表 1-2）。

任务作业

完成实训报告书（附录二）。

任务二 制作果酱线条造型（2）

任务准备

1）原料：红色果酱、绿色果酱、黑色果酱。

2）器皿：白色长碟。

任务实施

1）教师示范，操作分解步骤如图 4-2 所示。

2）学生模仿教师操作分解步骤进行制作，根据教学要求完成个人实训任务。

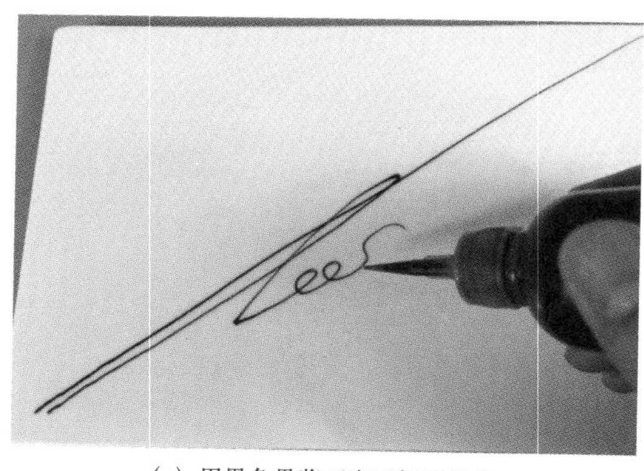

（a）用黑色果酱画出不规则线条

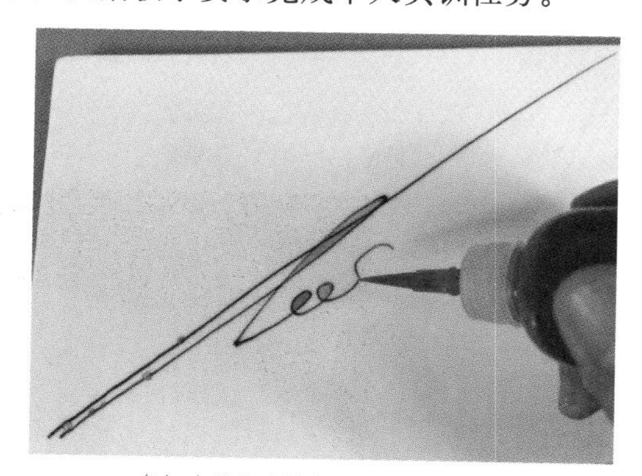

（b）在线条内填充不同颜色的果酱

图 4-2 制作果酱线条造型（2）

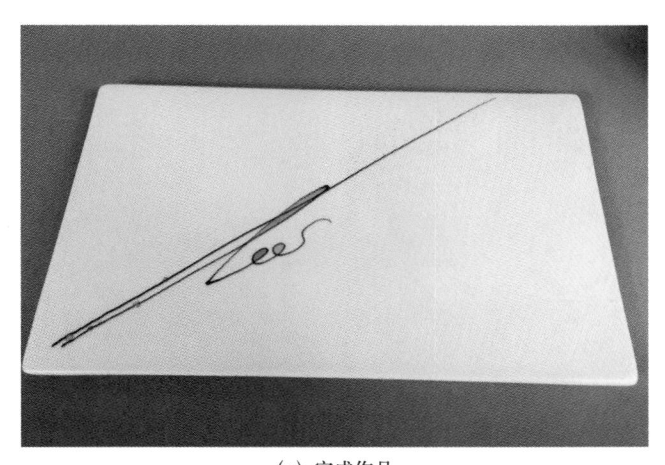

（c）完成作品

图 4-2 （续）

任务评价

完成任务评价表（附表 1-2）。

任务作业

完成实训报告书（附录二）。

任务三　制作“梅花”造型

任务准备

1）原料：蓝色果酱、黄色果酱、黑色果酱。

2）器皿：白色长碟。

任务实施

1）教师示范，操作分解步骤如图 4-3 所示。

2）学生模仿教师操作分解步骤进行制作，根据教学要求完成个人实训任务。

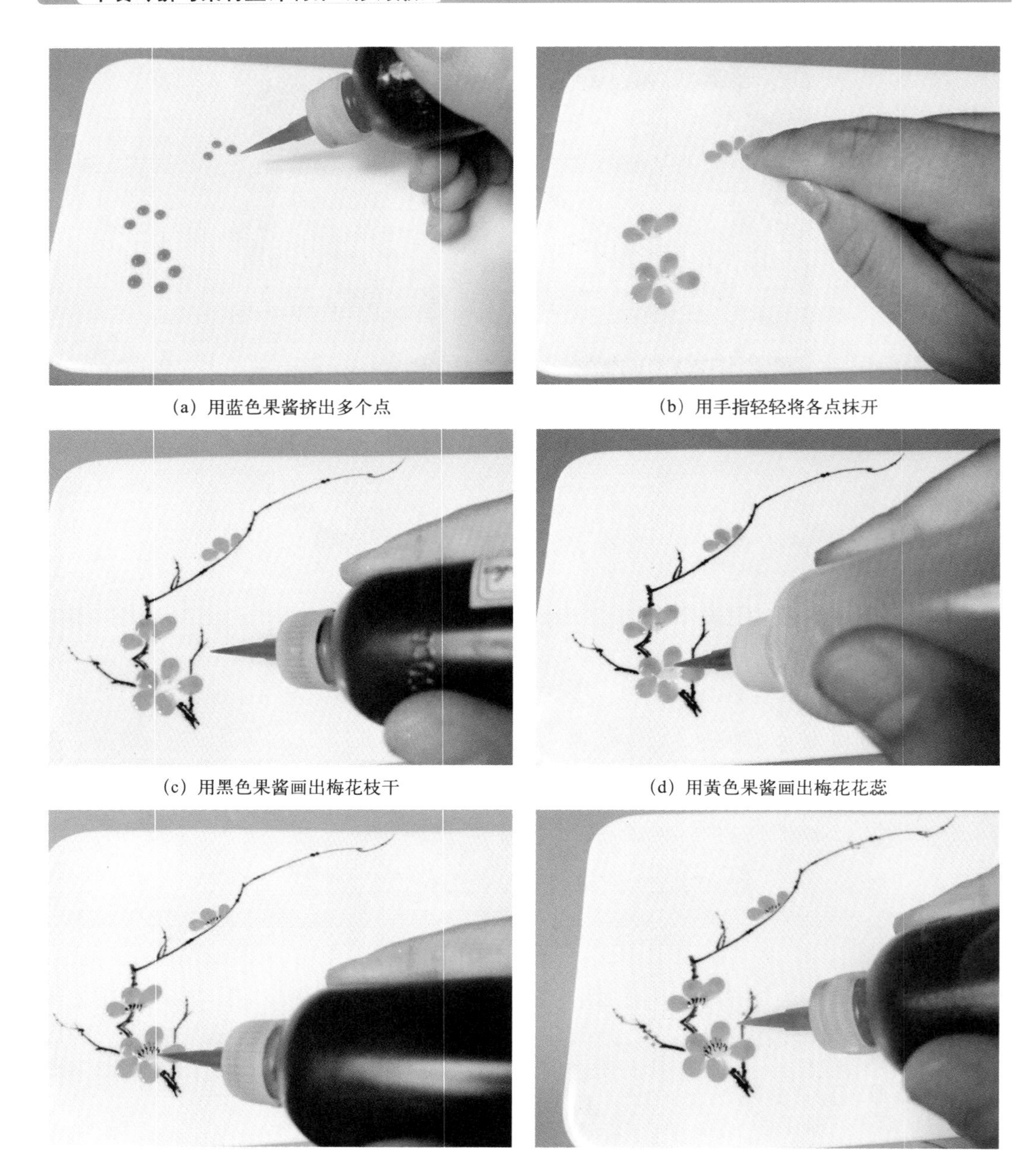

(a) 用蓝色果酱挤出多个点　(b) 用手指轻轻将各点抹开

(c) 用黑色果酱画出梅花枝干　(d) 用黄色果酱画出梅花花蕊

(e) 用黑色果酱画出梅花花蕊　(f) 点缀即可

图 4-3　制作“梅花”造型

（g）完成作品

图 4-3 （续）

任务评价

完成任务评价表（附表 1-2）。

制作“梅花”造型

任务作业

完成实训报告书（附录二）。

任务四　制作“牡丹花”造型

任务准备

1）原料：大红色果酱、黄色果酱、绿色果酱、黑色果酱。

2）器皿：白色碟。

任务实施

1）教师示范，操作分解步骤如图 4-4 所示。

2）学生模仿教师操作分解步骤进行制作，根据教学要求完成个人实训任务。

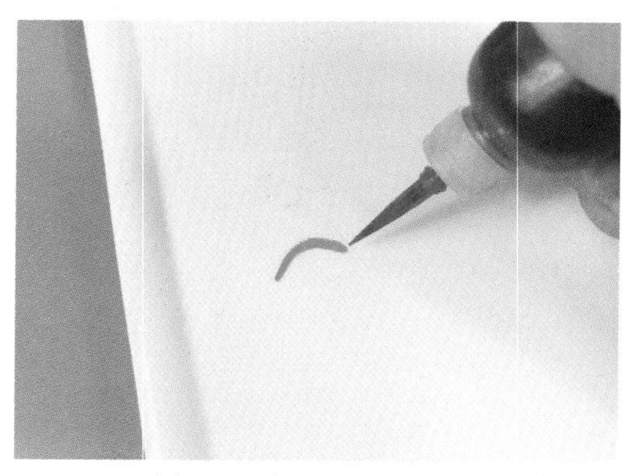

（a）用大红色的果酱画出小半圆

（b）用手指轻轻抹出一个花瓣

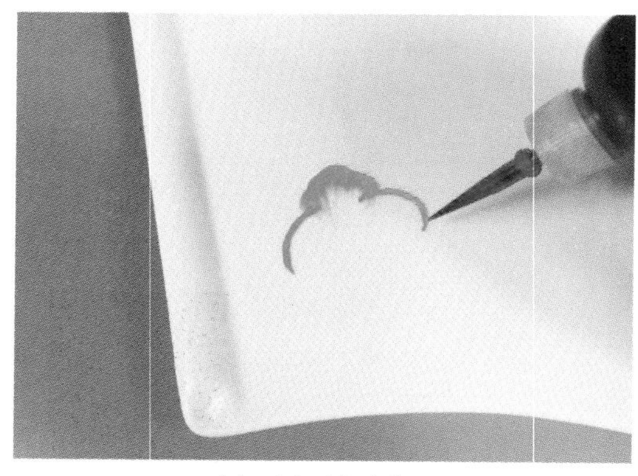

（c）画出两个小半圆

（d）用同样的方法抹出其他花瓣

（e）画出花中心的小半圆花瓣

（f）抹出牡丹花内部的花瓣

图 4-4　制作“牡丹花”造型

（g）用黄色果酱涂出花蕊，用黑色果酱勾出线条

（h）用绿色果酱点小点，用手指抹出叶子

（i）用黑色果酱勾出叶脉

（j）用黑色果酱画出树枝

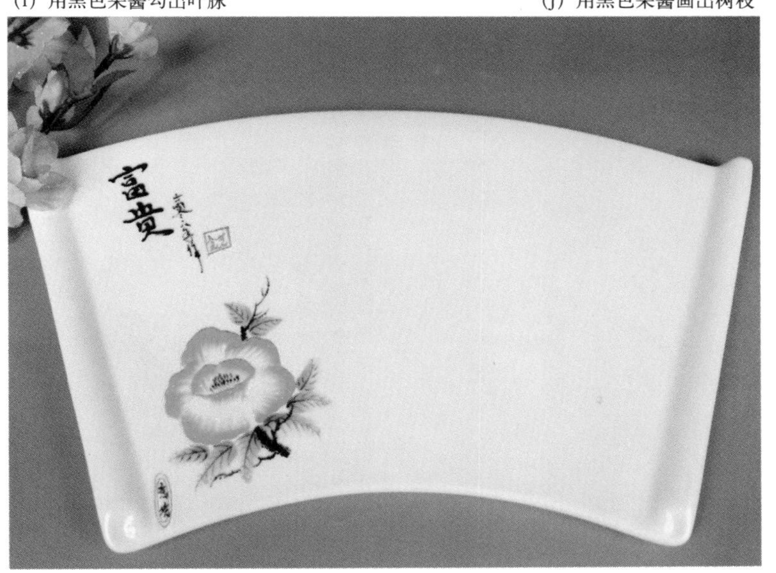

（k）完成作品

图 4-4 （续）

制作“牡丹花”造型

任务评价

完成任务评价表（附表 1-2）。

任务作业

完成实训报告书（附录二）。

任务思考

可以用哪些颜色的果酱来制作花朵造型?

任务五　制作“鲤鱼”造型

任务准备

1）原料：橙黄色果酱、黑色果酱。

2）器皿：白色碟。

任务实施

1）教师示范，操作分解步骤如图 4-5 所示。

2）学生模仿教师操作分解步骤进行制作，根据教学要求完成个人实训任务。

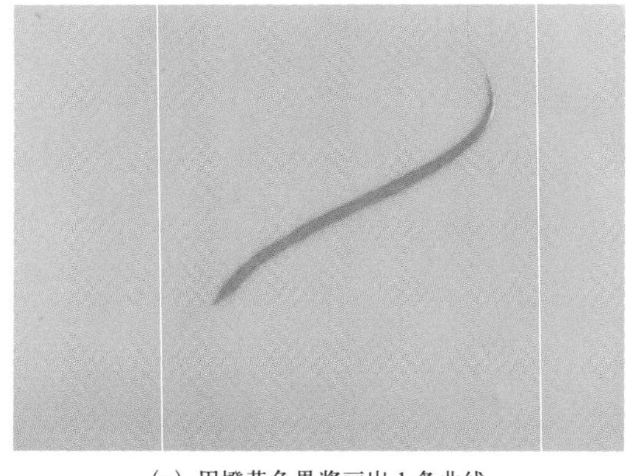
(a) 用橙黄色果酱画出 1 条曲线

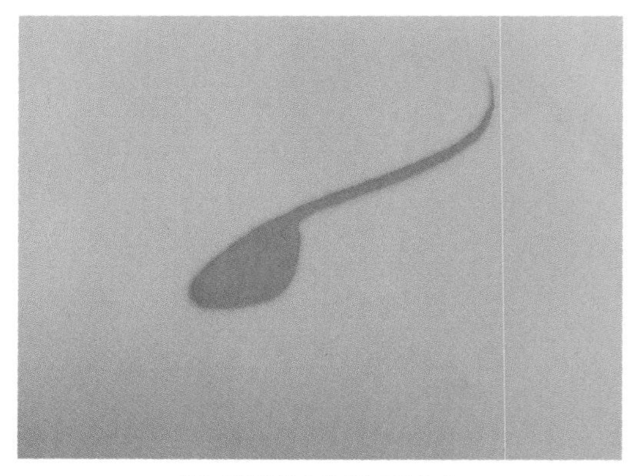
(b) 用橙黄色果酱画出鱼头

图 4-5　制作“鲤鱼”造型

(c) 用橙黄色果酱画出鱼肚

(d) 用橙黄色果酱画出简易的鱼鳞

(e) 用橙黄色果酱画出鱼鳍

(f) 用橙黄色果酱画出鱼尾

(g) 用橙黄色果酱画出鱼嘴，用黑色果酱点缀眼睛，完成作品

图 4-5 （续）

任务评价

完成任务评价表（附表 1-2）。

任务作业

完成实训报告书（附录二）。

任务思考

以这种手法，如何画出鲤鱼等造型？

任务六　制作“龙虾”造型

任务准备

1）原料：黑色果酱。

2）器皿：白色碟。

任务实施

1）教师示范，操作分解步骤如图 4-6 所示。

2）学生模仿教师操作分解步骤进行制作，根据教学要求完成个人实训任务。

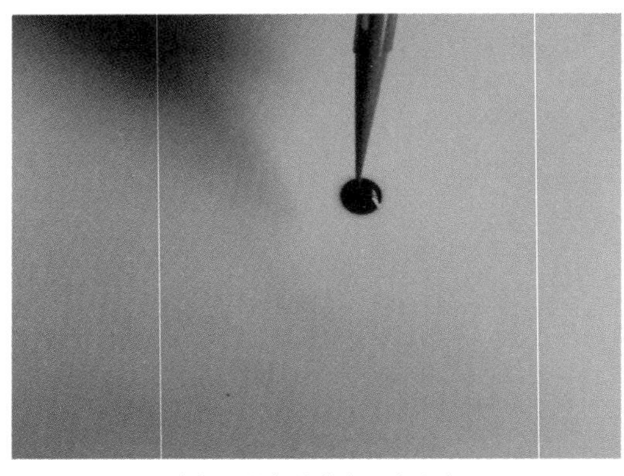

(a) 用黑色果酱点 1 个小点

(b) 用手指轻轻向前推移，画出虾头

图 4-6　制作“龙虾”造型

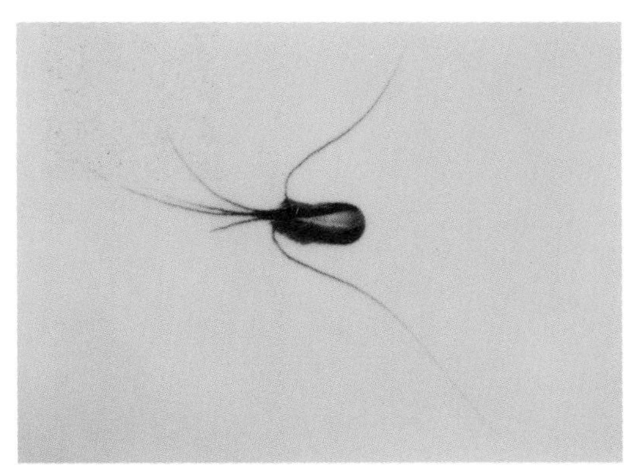

（c）画出虾须

（d）在虾头的后上方画 1 条曲线

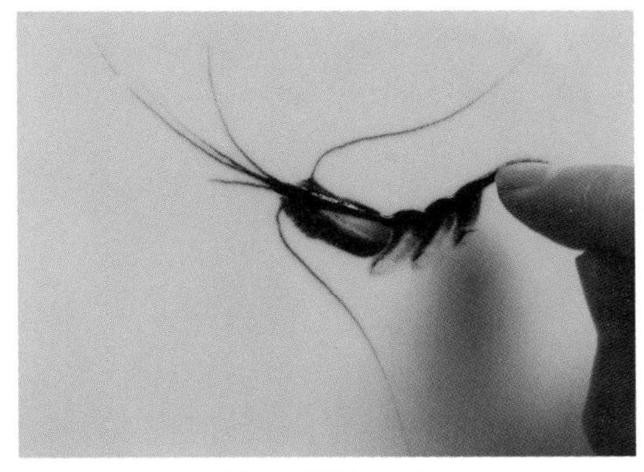

（e）用手指抹出虾身

（f）画出虾脚

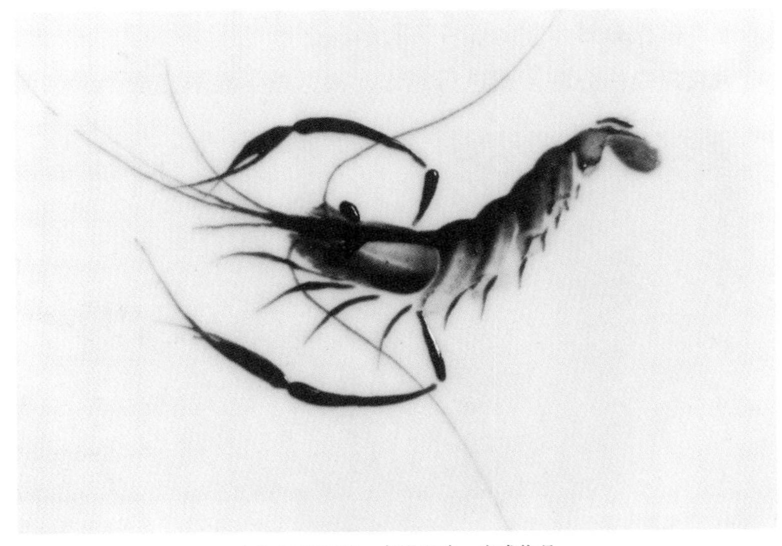

（g）画出虾螯，点缀眼睛，完成作品

图 4-6（续）

任务评价

制作“龙虾”造型

完成任务评价表（附表 1-2）。

任务作业

完成实训报告书（附录二）。

任务思考

除了采用手抹法画虾外，还可采用什么方法？

任务七　制作“小鸟”造型

任务准备

1）原料：橙红色果酱、黑色果酱、绿色果酱。
2）器皿：白色碟。

任务实施

1）教师示范，操作分解步骤如图 4-7 所示。
2）学生模仿教师操作分解步骤进行制作，根据教学要求完成个人实训任务。

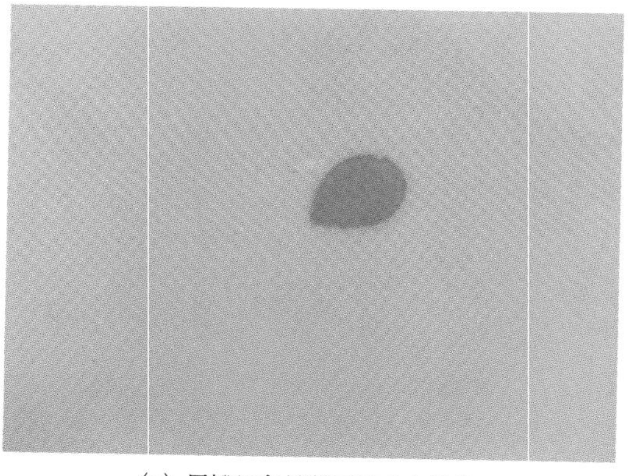
(a) 用橙红色果酱画出小鸟的头

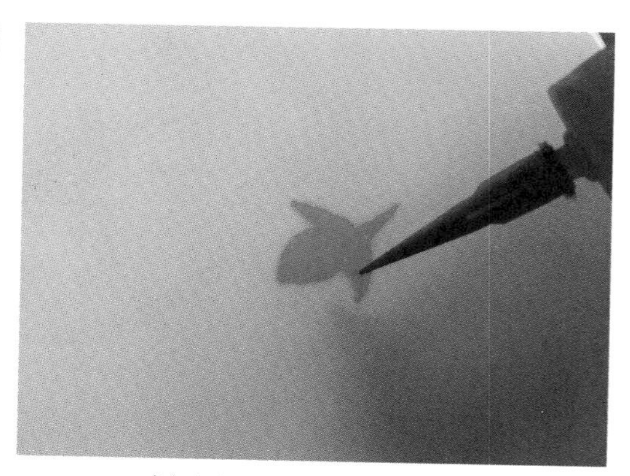
(b) 用橙红色果酱画出翅膀轮廓

图 4-7　制作“小鸟”造型

（c）用黑色果酱画出翅膀

（d）用黑色果酱点缀眼睛

（e）用黑色果酱画出尾巴

（f）同样的方法画出另一只小鸟

（g）用绿色果酱点缀，用黑色果酱题字，完成作品

图 4-7　（续）

任务评价

制作“小鸟”造型

完成任务评价表（附表 1-2）。

任务作业

完成实训报告书（附录二）。

任务思考

采用这种方法，还可以画出什么造型的鸟？

任务八　制作“南瓜”造型

任务准备

1）原料：粉色果酱、橙黄色果酱、绿色果酱、黑色果酱。

2）器皿：白色碟。

任务实施

1）教师示范，操作分解步骤如图 4-8 所示。

2）学生模仿教师操作分解步骤进行制作，根据教学要求完成个人实训任务。

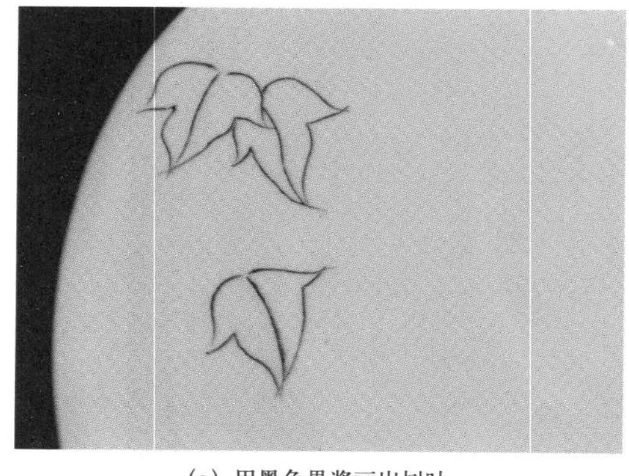
（a）用黑色果酱画出树叶

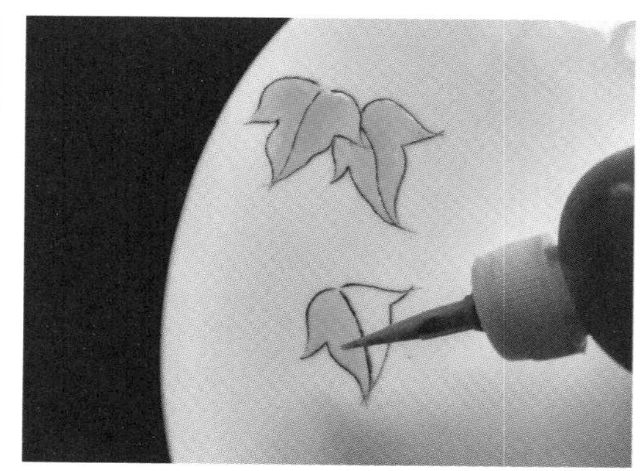
（b）用绿色果酱填充颜色

图 4-8　制作“南瓜”造型

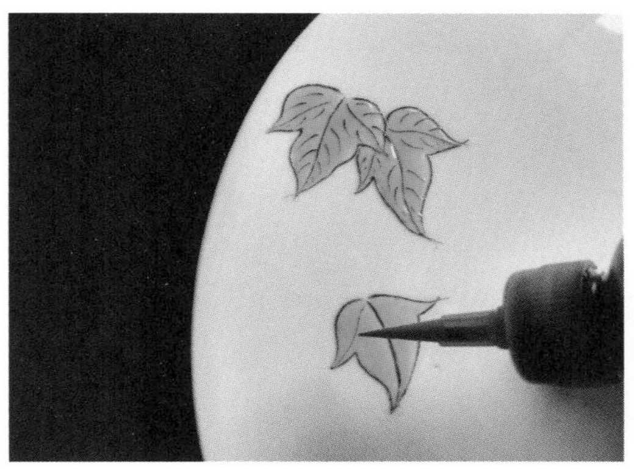

（c）用黑色果酱画出树叶的纹路

（d）用橙黄色果酱画出南瓜的轮廓

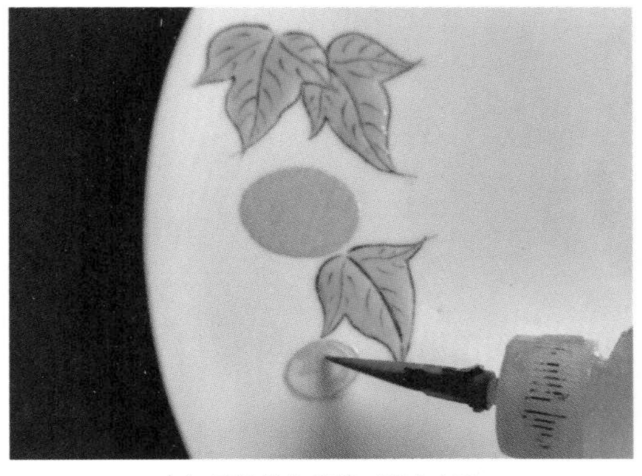

（e）用橙黄色果酱画出小南瓜

（f）用黑色果酱画出南瓜的纹路

（g）用粉色果酱画出背景，用黑色果酱题字，完成作品

图 4-8 （续）

任务评价

完成任务评价表（附表 1-2）。

任务作业

完成实训报告书（附录二）。

任务思考

采用同样的方法，怎样画出西瓜的造型？

任务九　制作“荷花”造型

任务准备

1）原料：粉色果酱、深绿色果酱、黑色果酱、灰色果酱。

2）器皿：白色碟。

任务实施

1）教师示范，操作分解步骤如图 4-9 所示。

2）学生模仿教师操作分解步骤进行制作，根据教学要求完成个人实训任务。

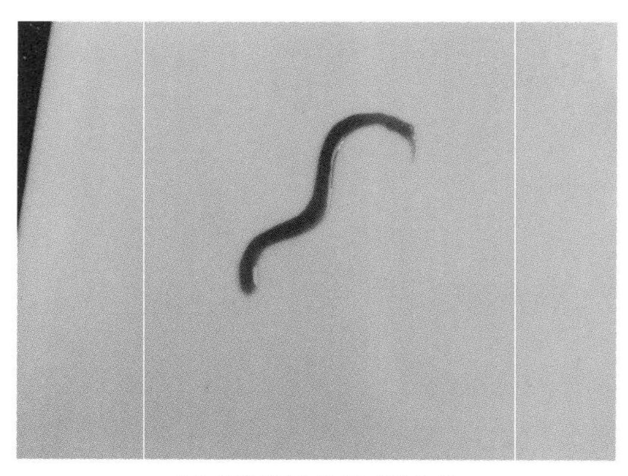

（a）用深绿色果酱画出曲线

（b）用手指抹出纹路

图 4-9　制作“荷花”造型

（c）用深绿色果酱画出半圆

（d）再用手指抹出纹路

（e）画出荷花并用粉色果酱上色

（f）用深绿色果酱画出花蕊部分

（g）用灰色果酱点缀，用黑色果酱题字，完成作品

图 4-9　（续）

任务评价

完成任务评价表（附表 1-2）。

制作“荷花”造型

任务作业

完成实训报告书（附录二）。

任务思考

如何把荷花造型与蜻蜓、蝴蝶搭配？

任务拓展

学生们模仿图 4-10，利用课余的时间去试做。

（a）望思

（b）夏日

图 4-10　示例图

（c）荷

（d）品鱼

（e）花开富贵

图 4-10 （续）

任务十　制作“两笔鸟”造型

任务准备

1）原料：红色果酱、绿色果酱、黑色果酱。

2）器皿：白色碟。

任务实施

1）教师示范，操作分解步骤如图 4-11 所示。

2）学生模仿教师操作分解步骤进行制作，根据教学要求完成个人实训任务。

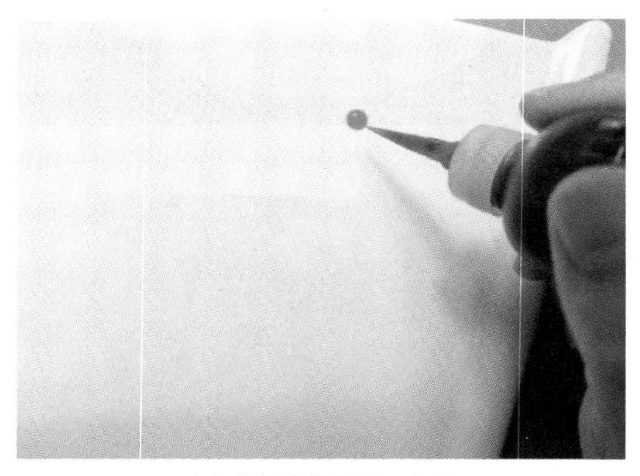

（a）用绿色果酱点一个点

（b）用手指按住，轻轻向后拉

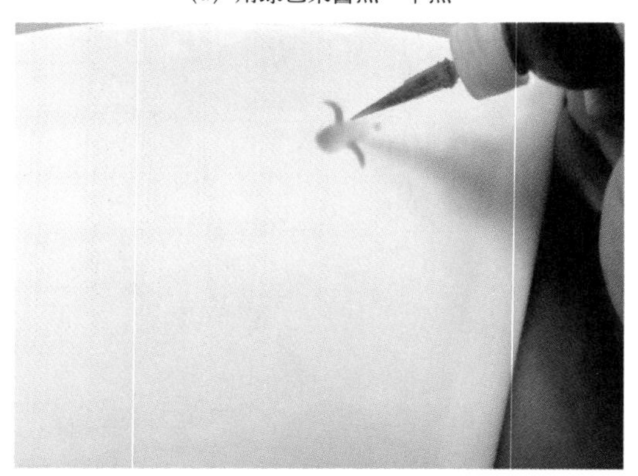

（c）画出两个小翅膀

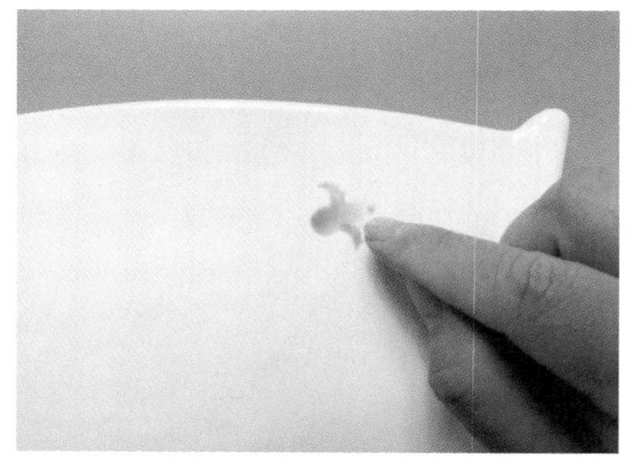

（d）用手指或者棉签把翅膀打开

图 4-11　制作“两笔鸟”造型

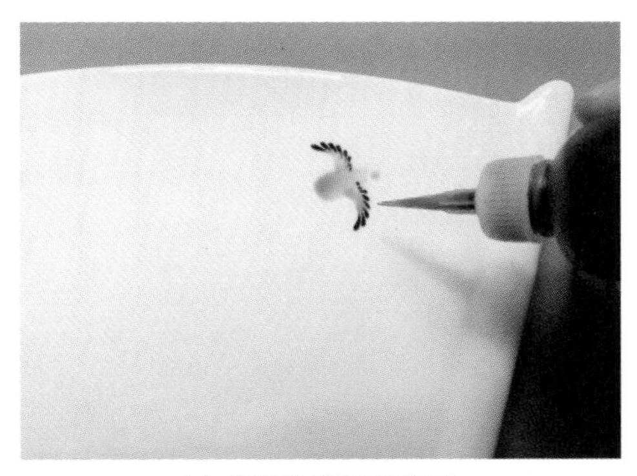

（e）用黑色果酱画出翅尖

（f）用黑色果酱画出眼睛、嘴和尾巴

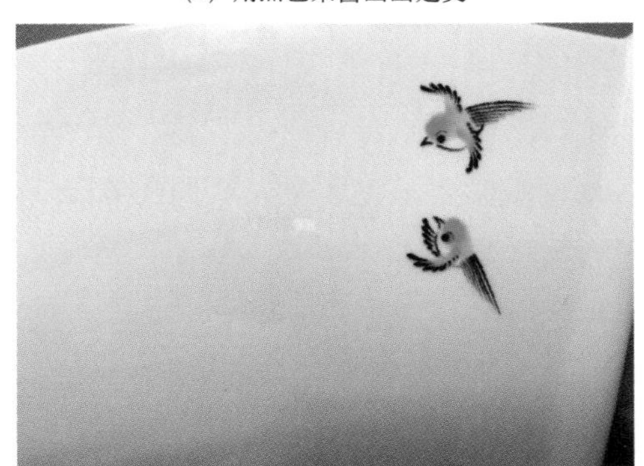

（g）用同样的方法画出另外一只鸟

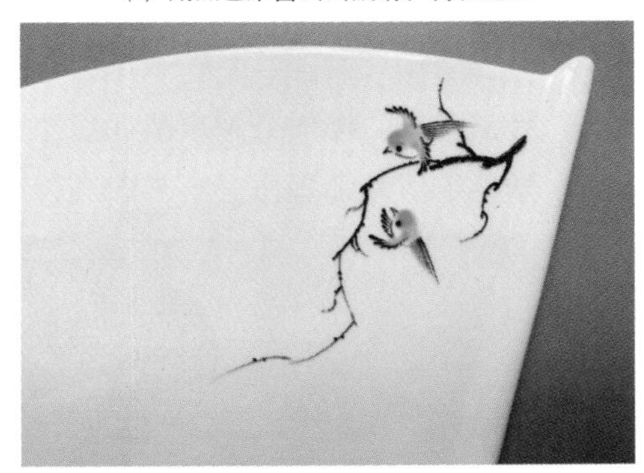

（h）用黑色果酱画出树枝

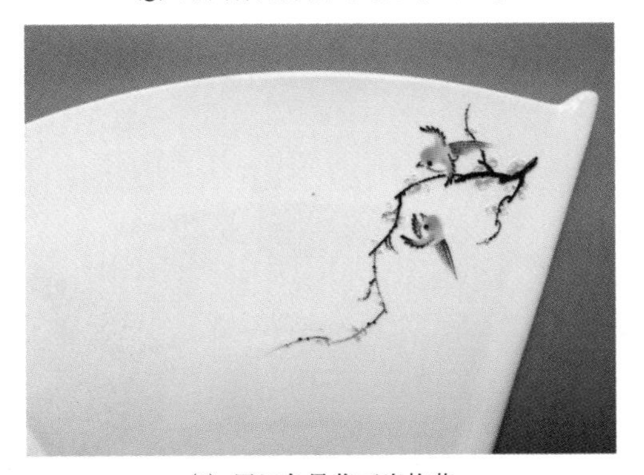

（i）用红色果酱画出梅花

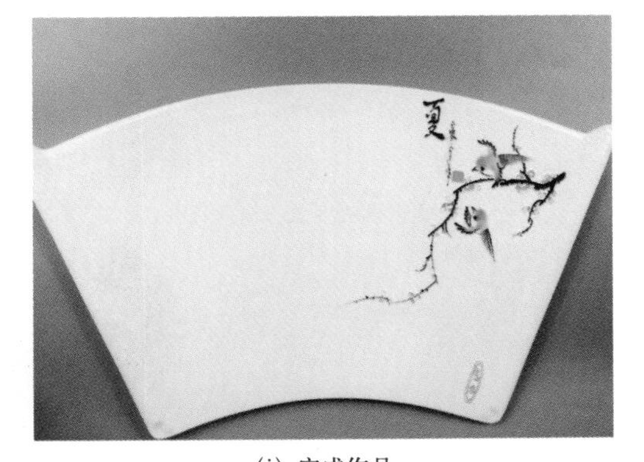

（j）完成作品

图 4-11　（续）

任务评价

完成任务评价表（附表 1-2）。

任务作业

完成实训报告书（附录二）。

制作“两笔鸟”造型

任务十一 制作“虾”造型

任务准备

1）原料：黑色果酱。

2）器皿：白色碟。

任务实施

1）教师示范，操作分解步骤如图 4-12 所示。

2）学生模仿教师操作分解步骤进行制作，根据教学要求完成个人实训任务。

（a）用黑色果酱点一个点

（b）用手指按住轻轻向上抹

（c）画出头和须

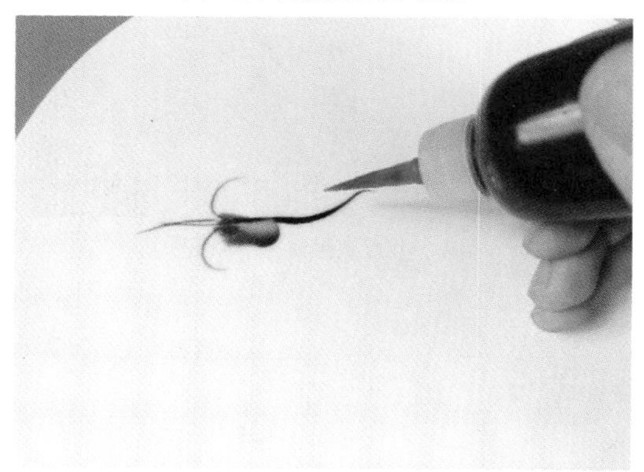

（d）画出身体

图 4-12 制作“虾”造型

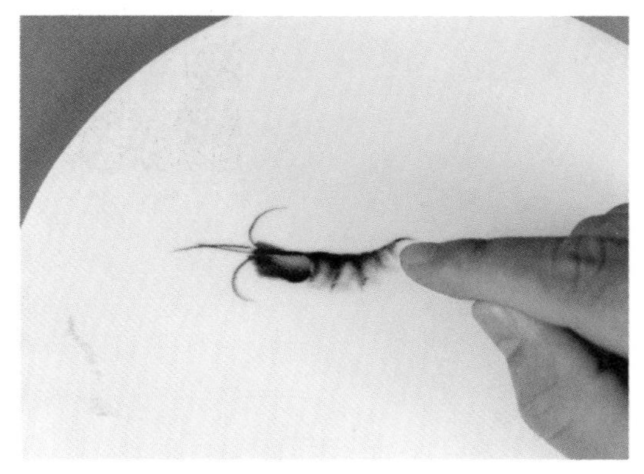

（e）用手指抹出虾节纹路

（f）画出虾尾

（g）画出长须和脚

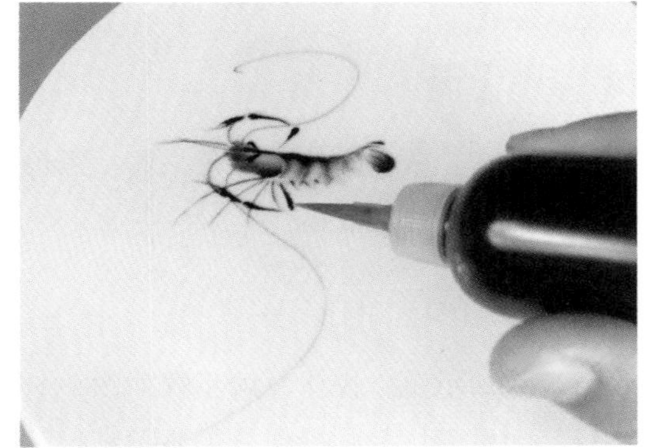

（h）画出眼睛和大钳子

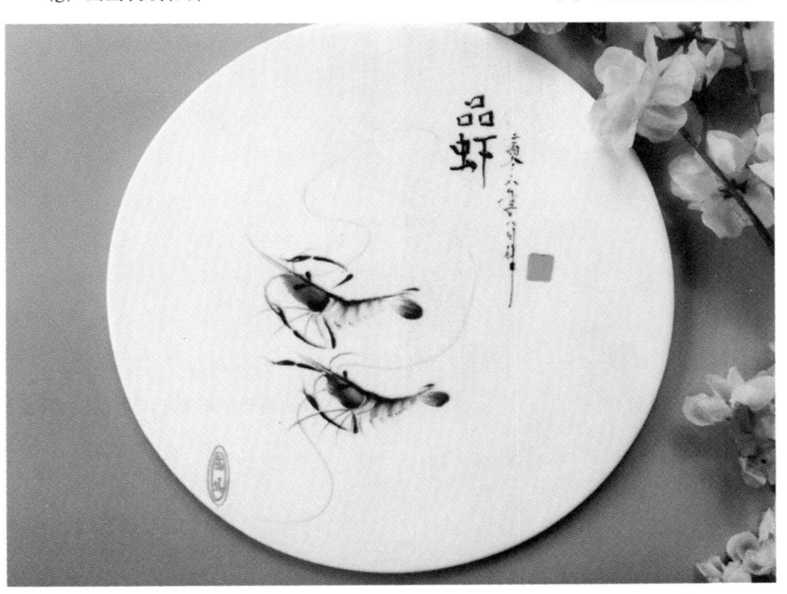

（i）完成作品

图 4-12 （续）

任务评价

完成任务评价表（附表 1-2）。

制作“虾”造型

任务作业

完成实训报告书（附录二）。

任务十二　制作“双飞雀”造型

任务准备

1）原料：蓝色果酱、绿色果酱、黑色果酱、粉红色果酱。

2）器皿：白色长碟。

任务实施

1）教师示范，操作分解步骤如图 4-13 所示。

2）学生模仿教师操作分解步骤进行制作，根据教学要求完成个人实训任务。

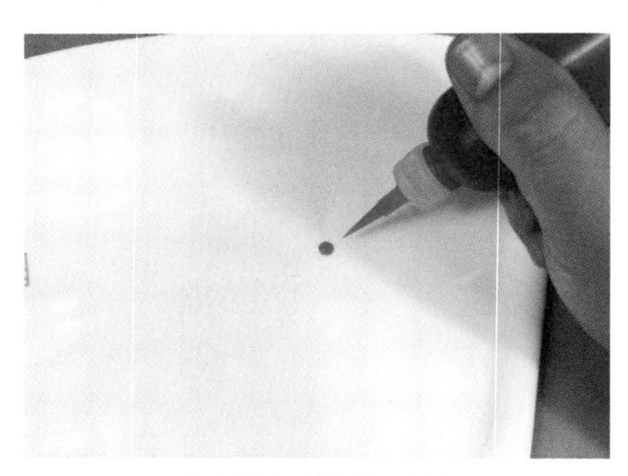
(a) 用蓝色果酱点一个点

(b) 用手轻轻抹开，再用蓝色果酱点两个点

图 4-13　制作“双飞雀”造型

（c）用手指轻轻抹开

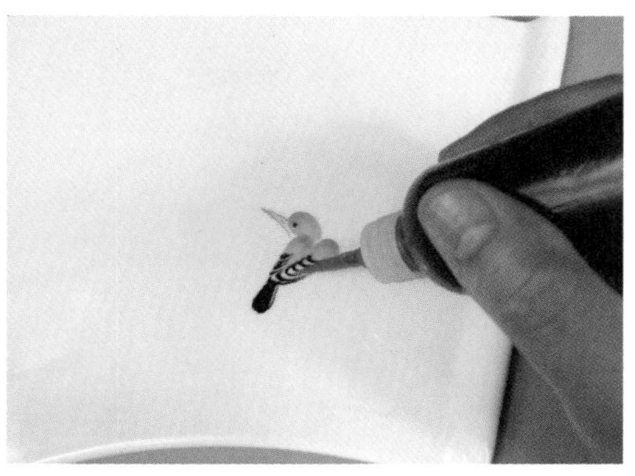

（d）用黑色果酱画出翅膀和尾巴，用粉色果酱画出喙

（e）用粉红色果酱画出腹部，用黑色果酱画出腿部

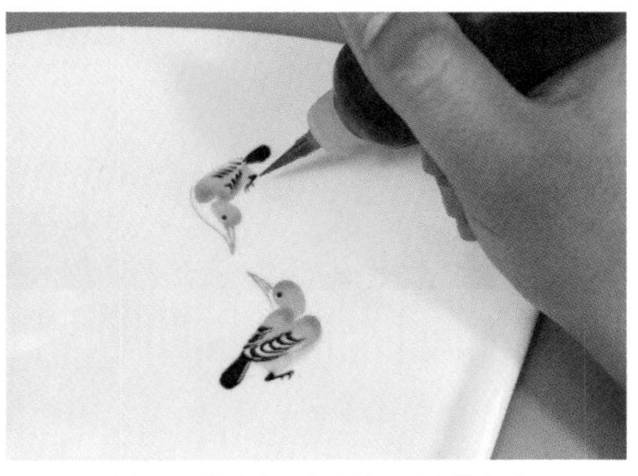

（f）用同样方法画出另外一只雀的造型

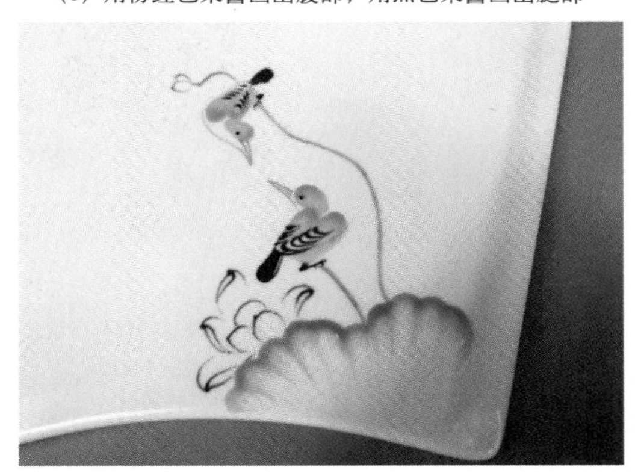

（g）用黑色果酱画出荷花，用绿色果酱画出荷叶装饰

（h）用粉色果酱点缀荷花

图 4-13　（续）

（i）题词，完成作品

图 4-13 （续）

任务评价

完成任务评价表（附表 1-2）。

制作“双飞雀”造型

任务作业

完成实训报告书（附录二）。

项目五 蔬果造型盘饰制作实训

项目目标

技能目标

- 了解蔬果造型盘饰制作原料品种。
- 掌握蔬果造型盘饰制作技术。
- 能够独立制作蔬果造型盘饰作品。

情感目标

- 增长学生的见识，激发学生对蔬果造型盘饰制作的兴趣。
- 培养学生团队合作精神和良好的职业素养。

任务一　制作“雪中红”造型

任务准备

1）原料：圣女果、胡萝卜、白糖、黑芝麻、蓄茜。

2）工具：刀、砧板。

3）器皿：黑色长平板碟。

任务实施

1）教师示范，操作分解步骤如图 5-1 所示。

2）学生模仿教师操作分解步骤进行制作，根据教学要求完成个人实训任务。

（a）把胡萝卜切小丁

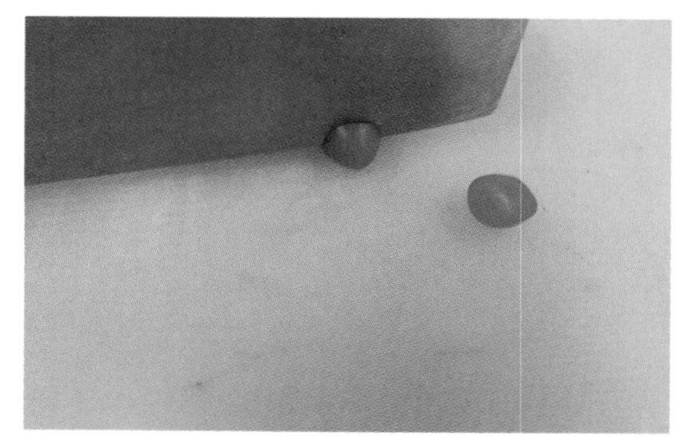

（b）将圣女果切块

（c）在黑色长平板碟一角撒上白糖

（d）在白糖上放上胡萝卜丁和圣女果块

图 5-1　制作“雪中红”造型

（e）用蕃茜和黑芝麻点缀，完成作品

图 5-1 （续）

任务评价

完成任务评价表（附表 1-2）。

制作“雪中红”造型

任务作业

完成实训报告书（附录二）。

任务思考

把圣女果换成车厘子，如何制作出新的造型？

任务二　制作“步步高升”造型

任务准备

1）原料：巧克力果酱、圣女果、菊花、花枝。

2）工具：刀、砧板。

3）器皿：白色长平板碟。

任务实施

1）教师示范，操作分解步骤如图 5-2 所示。

2）学生模仿教师操作分解步骤进行制作，根据教学要求完成个人实训任务。

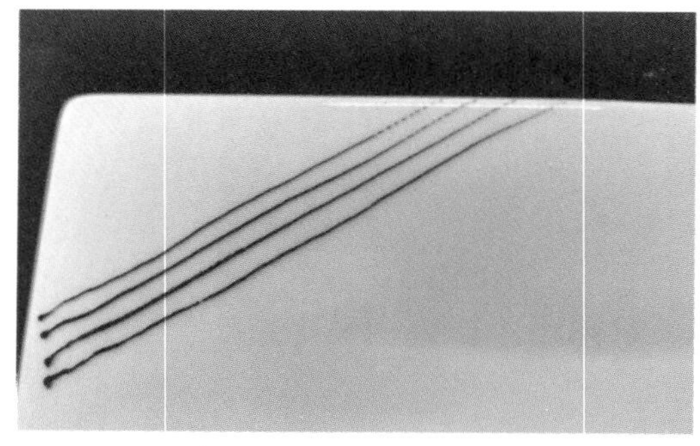

（a）用巧克力果酱画出线条

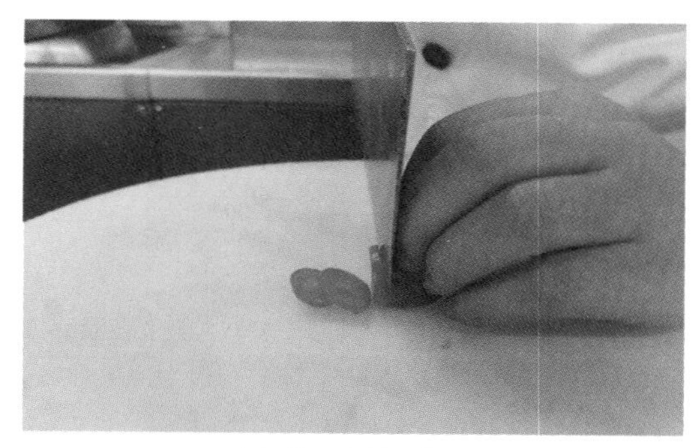

（b）将圣女果切薄片

（c）把切好的圣女果薄片摆出造型

（d）用菊花点缀

（e）用花枝点缀，完成作品

图 5-2　制作“步步高升”造型

任务评价

完成任务评价表（附表 1-2）。

任务作业

完成实训报告书（附录二）。

任务思考

在制作“步步高升”造型过程中，可以用哪种原料来代替圣女果？

任务三　制作“红红火火”造型

任务准备

1）原料：红色灯笼椒、巧克力果酱、蓬莱松、小金橘、其他各色果酱。

2）工具：雕刻刀、砧板。

3）器皿：白色长平板碟。

任务实施

1）教师示范，操作分解步骤如图 5-3 所示。

2）学生模仿教师操作分解步骤进行制作，根据教学要求完成个人实训任务。

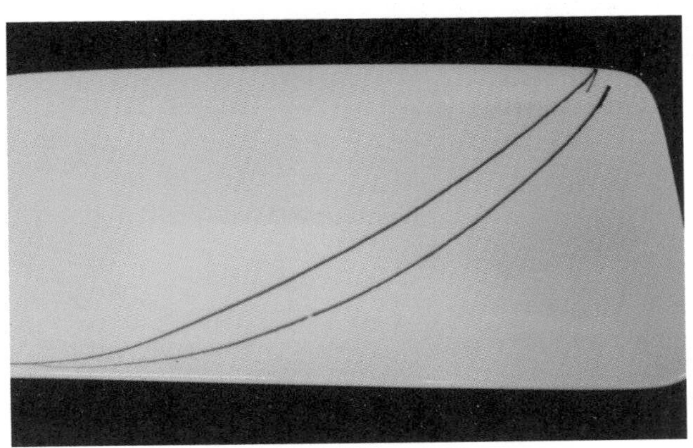

(a) 用巧克力果酱在白色长平板碟一头画出 2 根斜线

图 5-3　制作“红红火火”造型

（b）在红色灯笼椒的 1/3 处用雕刻刀刻出一圈 V 字形刀痕，取出椒瓤

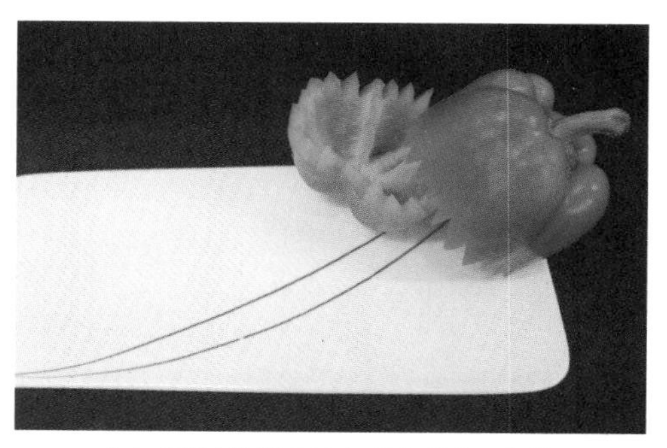

（c）将雕刻好的红色灯笼椒放在画好的线条一端

（d）用同样的办法处理小金橘，并将其放在线条中央，用蓬莱松点缀

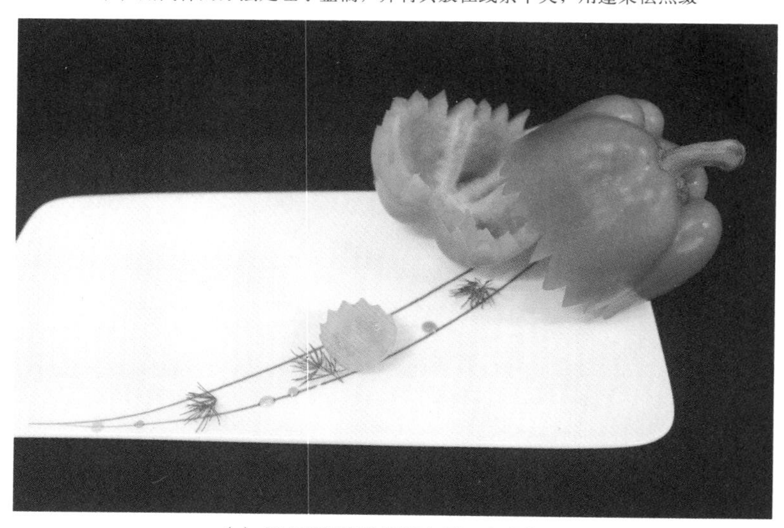

（e）用多种颜色的果酱点缀，完成作品

图 5-3 （续）

任务评价

完成任务评价表（附表 1-2）。

任务作业

完成实训报告书（附录二）。

任务思考

制作“红红火火”造型用的灯笼椒可以用哪些原料来代替？

任务四　制作“海底世界”造型

任务准备

1）原料：心里美萝卜、青萝卜、胡萝卜、西瓜皮。

2）工具：雕刻刀、砧板。

3）器皿：白色平板碟。

任务实施

1）教师示范，操作分解步骤如图 5-4 所示。

2）学生模仿教师操作分解步骤进行制作，根据教学要求完成个人实训任务。

（a）将心里美萝卜切成厚约 0.3 厘米的三角片，用 U 形雕刻刀在心里美萝卜片上刻出不规则的洞，然后用刻刀修边

图 5-4　制作“海底世界”造型

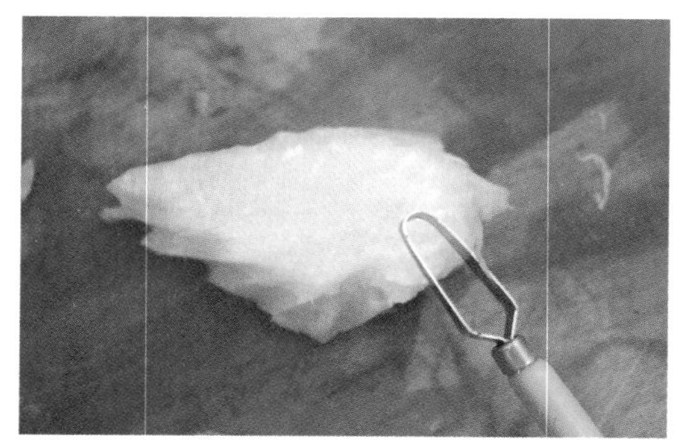

（b）用青萝卜刻出假石头

（c）用青萝卜皮刻出小草的形状，用西瓜皮刻出波浪的形状

（d）用与加工心里美萝卜片相同的方法做出
胡萝卜插件，组合后完成作品

图 5-4 （续）

任务评价

完成任务评价表（附表 1-2）。

任务作业

完成实训报告书（附录二）。

任务思考

在“海底世界”造型中增加 2 条小鱼，效果如何？

任务五　制作“窗外秀景”造型

任务准备

1）原料：心里美萝卜、青萝卜、胡萝卜、黄瓜皮。

2）工具：雕刻刀、砧板。

3）器皿：白色平板碟。

任务实施

1）教师示范，操作分解步骤如图 5-5 所示。

2）学生模仿教师操作分解步骤进行制作，根据教学要求完成个人实训任务。

（a）将青萝卜切片，刻出窗花造型

（b）将胡萝卜修成小爱心的形状，切成薄片，用胶水粘成小的五瓣花造型

（c）用心里美萝卜刻出假石头，用黄瓜皮刻出叶子和小草的形状，把花、窗花、叶子等粘在一起

图 5-5　制作“窗外秀景”造型

（d）完成作品

图 5-5 （续）

任务评价

完成任务评价表（附表 1-2）。

任务作业

完成实训报告书（附录二）。

任务思考

五瓣花造型还可以与窗外秀景造型进行哪些其他的组装？

任务六　制作“同心缘”造型

任务准备

1）原料：西瓜。

2）工具：雕刻刀、砧板。

3）器皿：白色圆碟。

任务实施

1）教师示范，操作分解步骤如图 5-6 所示。

2）学生模仿教师操作分解步骤进行制作，根据教学要求完成个人实训任务。

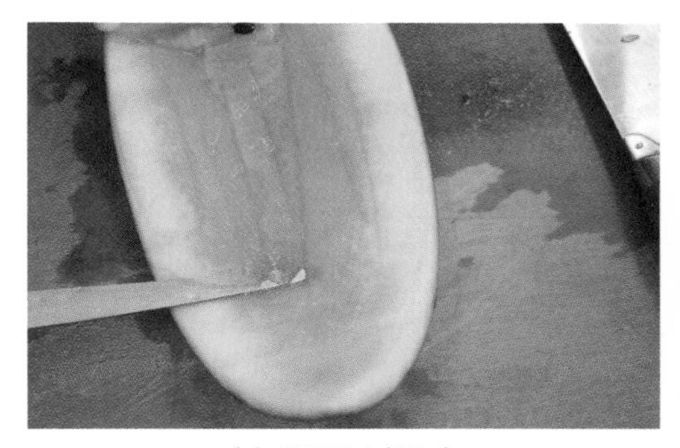

（a）将西瓜去瓤取皮

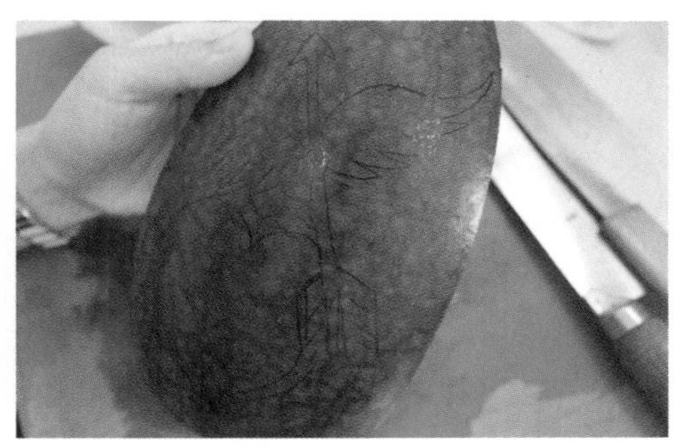

（b）用笔在西瓜皮上画出图案

（c）用雕刻刀沿着画出的线条刻出图案

（d）去掉多余部分，完成作品

图 5-6　制作“同心缘”造型

任务评价

完成任务评价表（附表 1-2）。

任务作业

完成实训报告书（附录二）。

任务思考

用西瓜皮还可以雕刻出哪些造型图案?

任务拓展

学生模仿图 5-7，利用课余的时间去试做。

（a）展翅高飞

（b）墙墙联手

（c）回味

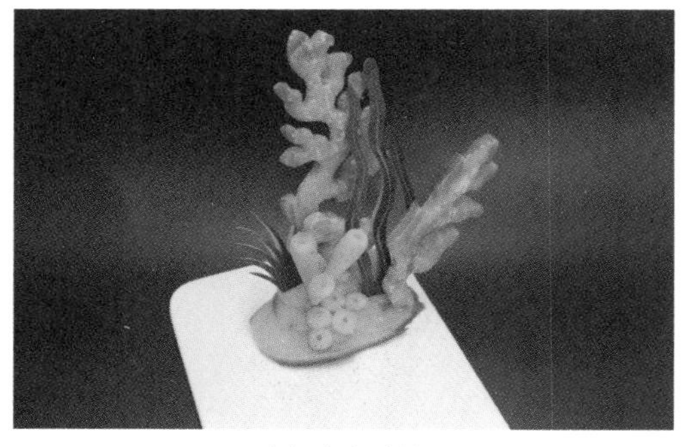

（d）海底秀景

图 5-7　示例图

（e）意境

图 5-7　（续）

项目六
巧克力造型盘饰制作实训

项目目标

技能目标

- 了解巧克力插件造型盘饰制作原料。
- 掌握巧克力插件造型盘饰制作技术。
- 掌握巧克力插件造型盘饰制作的特点。
- 熟练独立制作巧克力插件造型盘饰作品。

情感目标

- 增长学生的见识，激发学生对巧克力插件造型盘饰制作的兴趣。
- 培养学生团队合作精神和良好的职业素养。

任务一　制作“悠悠自在”造型

任务准备

1）原料：网形巧克力插件、绿色车厘子、巧克力果酱、其他各色果酱、澄面。

2）工具：刀、砧板。

3）器皿：圆碟。

任务实施

1）教师示范，操作分解步骤如图 6-1 所示。

2）学生模仿教师操作分解步骤进行制作，根据教学要求完成个人实训任务。

（a）将网形巧克力插件用澄面固定

（b）用巧克力果酱画出线条

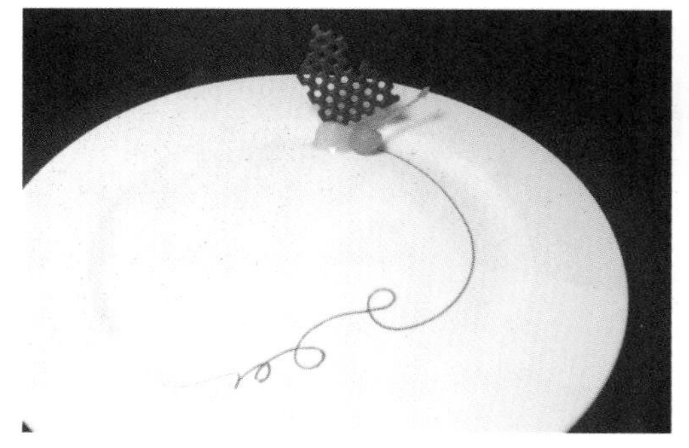

（c）将绿色车厘子底部切一刀放在插件旁边

（d）点缀其他颜色的果酱，完成作品

图 6-1　制作“悠悠自在”造型

任务评价

完成任务评价表（附表 1-2）。

任务作业

完成实训报告书（附录二）。

任务思考

如何自己制作网形巧克力插件？

任务二 制作“相依”造型

任务准备

1）原料：黑色三角形巧克力插件、白色方形巧克力插件、红色车厘子、蓝色果酱、澄面。

2）工具：刀、砧板。

3）器皿：白色圆碟。

任务实施

1）教师示范，操作分解步骤如图 6-2 所示。

2）学生模仿教师操作分解步骤进行制作，根据教学要求完成个人实训任务。

（a）用澄面将白色方形巧克力插件固定

（b）在旁边放红色车厘子

图 6-2 制作“相依”造型

（c）插入黑色三角形巧克力插件，用蓝色果酱点缀，完成作品

图 6-2 （续）

任务评价

完成任务评价表（附表 1-2）。

任务作业

完成实训报告书（附录二）。

任务思考

巧克力插件适合什么类型的菜肴盘饰?

任务三　制作“白色恋人”造型

任务准备

1）原料：白色条格巧克力插件、三角形巧克力插件、红色车厘子、巧克力果酱、野菊花、澄面。

2）工具：刀、砧板。

3）器皿：白色圆碟。

任务实施

1）教师示范，操作分解步骤如图 6-3 所示。

2）学生模仿教师操作分解步骤进行制作，根据教学要求完成个人实训任务。

（a）用巧克力果酱画出线条，澄面固定白色条格和三角形巧克力插件

（b）白色条格和三角形巧克力插件旁放红色车厘子，用巧克力果酱点缀

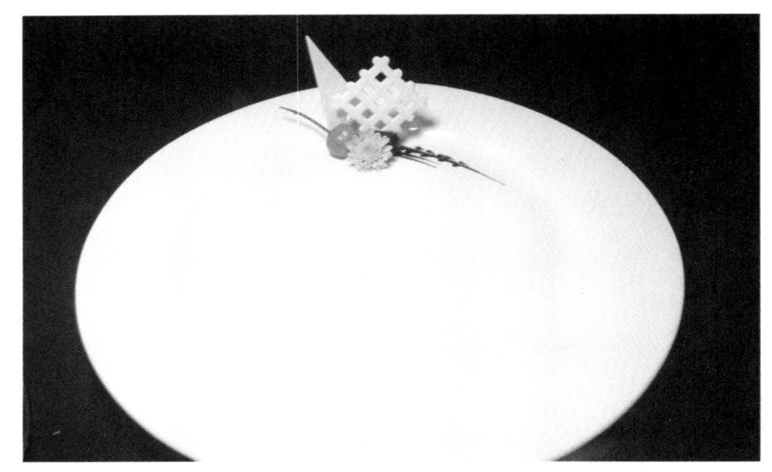

（c）用野菊花装饰，完成作品

图 6-3　制作“白色恋人”造型

任务评价

完成任务评价表（附表 1-2）。

任务作业

完成实训报告书（附录二）。

任务思考

有哪些办法可以用来融化巧克力？

任务四　制作“高升”造型

任务准备

1）原料：菱形巧克力插件、螺栓形巧克力插件、黑色和黄色果酱、绿色车厘子、澄面。

2）工具：刀、砧板。

3）器皿：白色圆碟。

任务实施

1）教师示范，操作分解步骤如图 6-4 所示。

2）学生模仿教师操作分解步骤进行制作，根据教学要求完成个人实训任务。

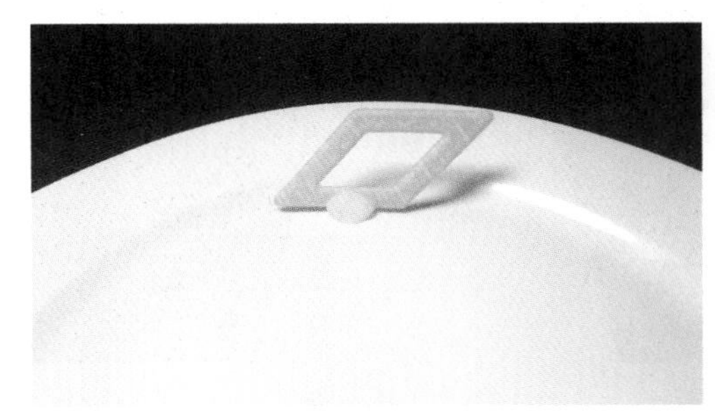

(a) 将菱形巧克力插件用澄面固定

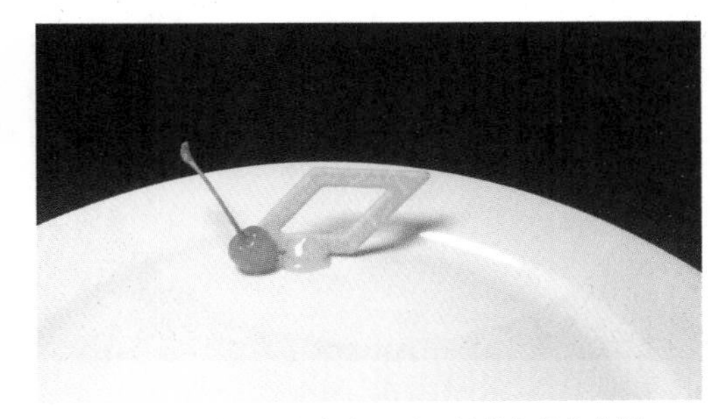

(b) 在旁边放上绿色车厘子，用黄色果酱点缀

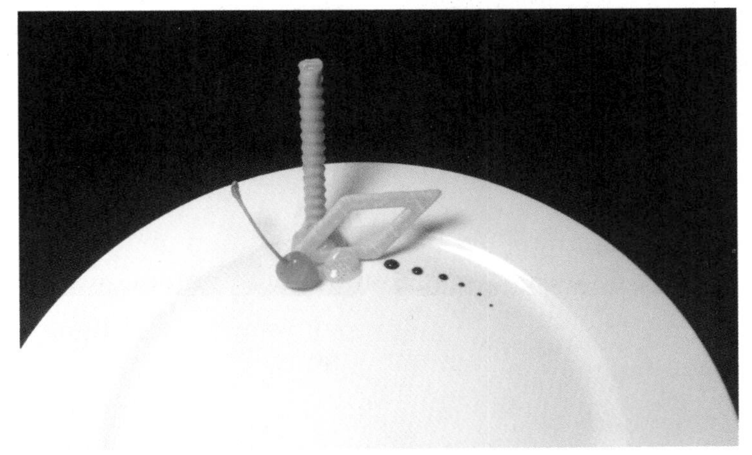

(c) 放上螺栓形巧克力插件，用黑色果酱点缀，完成作品

图 6-4　制作“高升”造型

任务评价

完成任务评价表（附表 1-2）。

任务作业

完成实训报告书（附录二）。

任务思考

自己可以制作出哪些造型的巧克力插件？

任务拓展

学生模仿图 6-5，利用课余的时间去试做。

（a）跟上脚步　（b）同窗三友

（c）无题　（d）Kiss you

图 6-5　示例图

项目七
奶油造型盘饰制作实训

项目目标

技能目标

- 了解奶油造型盘饰制作原料。
- 掌握奶油造型盘饰制作技术。
- 掌握奶油造型盘饰制作的特点。
- 熟练独立制作奶油造型盘饰作品。

情感目标

- 增长学生的见识，激发学生对奶油造型盘饰制作的兴趣。
- 培养学生团队合作精神和良好的职业素养。

奶油造型盘饰制作欣赏

任务一　制作“一点红”造型

任务准备

1）原料：蓝色奶油、白色奶油、蕃茜、红色车厘子、巧克力果酱。

2）工具：刀、砧板。

3）器皿：白色圆碟。

任务实施

1）教师示范，操作分解步骤如图 7-1 所示。

2）学生模仿教师操作分解步骤进行制作，根据教学要求完成个人实训任务。

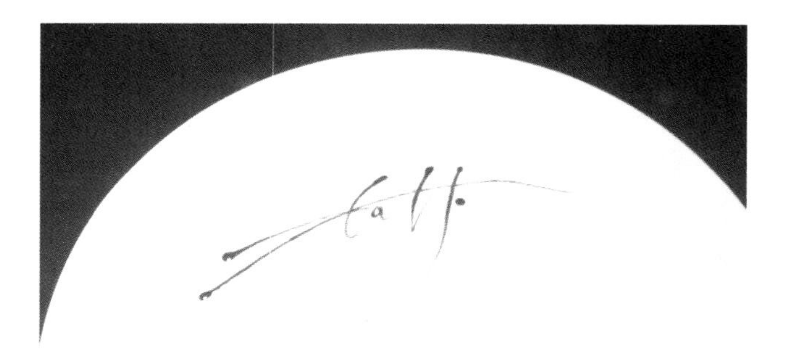

(a) 用巧克力果酱画出线条

(b) 把蓝色和白色奶油挤在对应的位置，放一点蕃茜点缀

图 7-1　制作“一点红”造型

(c) 放 1 颗红色的车厘子，完成作品

图 7-1 （续）

任务评价

完成任务评价表（附表 1-2）。

任务作业

完成实训报告书（附录二）。

任务思考

如何打发奶油？

任务二　制作“甜蜜”造型

任务准备

1）原料：红色奶油、白色奶油、蕃茜、车厘子、巧克力果酱。

2）工具：刀、砧板。

3）器皿：白色圆碟。

任务实施

1）教师示范，操作分解步骤如图 7-2 所示。

2）学生模仿教师操作分解步骤进行制作，根据教学要求完成个人实训任务。

（a）用巧克力果酱画出线条

（b）把红色和白色奶油挤在对应的位置

（c）放一些蕃茜和 1 颗红色车厘子点缀，完成作品

图 7-2　制作“甜蜜”造型

任务评价

完成任务评价表（附表 1-2）。

任务作业

完成实训报告书（附录二）。

任务思考

如何调制奶油颜色？

任务三　制作“花语”造型

任务准备

1）原料：芋头、野菊花、红色奶油、蓝色奶油、蕃茜、红色车厘子、巧克力果酱。

2）工具：刀、砧板。

3）器皿：白色长碟。

任务实施

1）教师示范，操作分解步骤如图 7-3 所示。

2）学生模仿教师操作分解步骤进行制作，根据教学要求完成个人实训任务。

(a) 用巧克力果酱画出线条

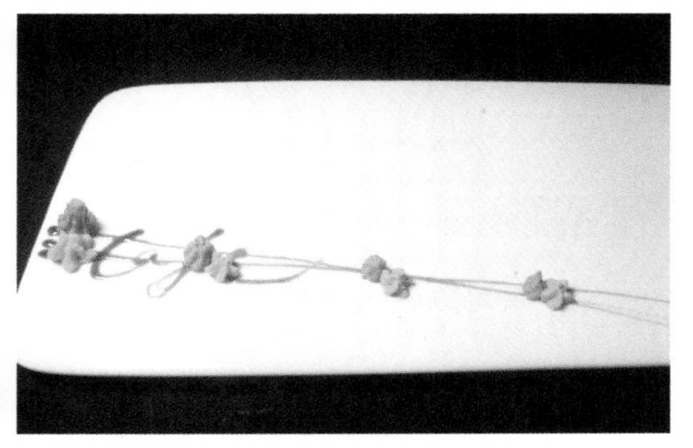

(b) 把红色和蓝色奶油挤在对应位置

(c) 用模具把芋头刻出圆形，旁边放野菊花和蕃茜点缀

图 7-3　制作“花语”造型

（d）放 1 颗红色车厘子点缀，完成作品

图 7-3 （续）

任务评价

完成任务评价表（附表 1-2）。

任务作业

完成实训报告书（附录二）。

任务思考

用芋头可以做出哪些造型的插件？

任务四　制作“诗韵”造型

任务准备

1）原料：紫色奶油、红色奶油、粉色奶油、蕃茜、红色车厘子、巧克力果酱。

2）工具：刀、砧板。

3）器皿：白色圆碟。

任务实施

1）教师示范，操作分解步骤如图 7-4 所示。

2）学生模仿教师操作分解步骤进行制作，根据教学要求完成个人实训任务。

（a）用巧克力果酱画出线条

（b）将紫色、红色和粉色奶油挤在对应位置

（c）放上蕃茜和 1 颗红色车厘子，完成作品

图 7-4　制作“诗韵”造型

任务评价

完成任务评价表（附表 1-2）。

任务作业

完成实训报告书（附录二）。

任务思考

奶油适合用来制作什么类型的菜肴盘饰?

任务拓展

学生模仿图 7-5，利用课余的时间去试做。

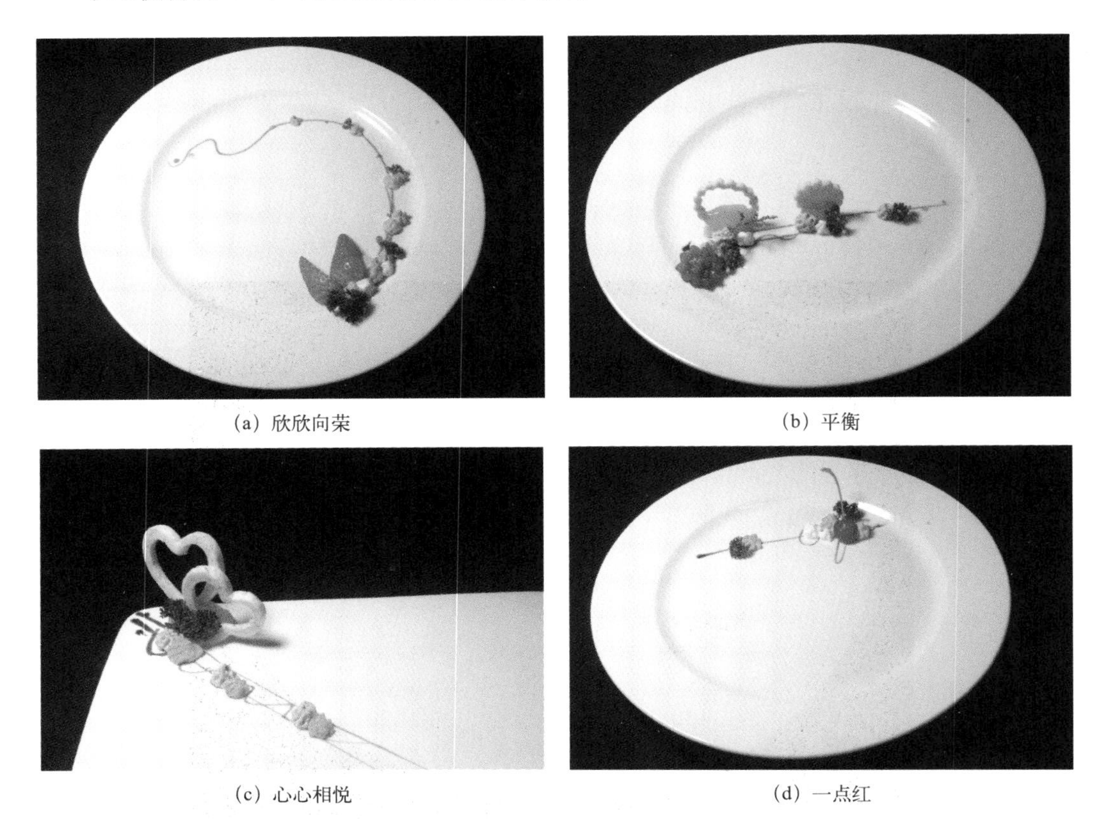

（a）欣欣向荣　（b）平衡　（c）心心相悦　（d）一点红

图 7-5　示例图

附　　录

附录一　任务评价表

附表 1-1　中餐冷拼制作任务评价表

班级：　　　　　　　　　　　　姓名：　　　　　　　　　　　　日期：

考核指标 任务名称	刀工拼摆 （20 分）	制作速度 （20 分）	制作卫生 （20 分）	口味 （10 分）	色彩搭配 （10 分）	构图设计 （20 分）	合计
学生自评							
教师评语							

附表 1-2　菜肴盘饰制作任务评价表

班级：　　　　　　　　　　　　姓名：　　　　　　　　　　　　日期：

考核指标 任务名称	刀工 （20 分）	造型 （30 分）	制作速度 （15 分）	制作卫生 （15 分）	创新 （10 分）	构图设计 （10 分）	合计
学生自评							
教师评语							

附录二　实训报告书

实训报告书

________________学校

________________专业

班　　级：________________

姓　　名：________________

学　　号：________________

课程名称：________________

任务名称		作品得分	
所需材料			
所需工具			
工艺流程			
操作步骤			
学生小结			
教师评语	教师签名：　　年　　月　　日		

参 考 文 献

朱云龙，2008. 中国冷盘工艺 [M]. 北京：中国纺织出版社 .